微信小程序开发与运营

主　编　朱继宏
副主编　张吉毓
参　编　（排名不分先后）
张宏伟　王忠义　文　源　张　琦
张广垠　王明宝　赵红艳　郭　峰
柏克勤　唐邦勋　吴修国　丁振国

電子工業出版社
Publishing House of Electronics Industry
北京 · BEIJING

内 容 简 介

本书以培养技术应用能力为主线，以强调理论教学与实践训练并重为原则，围绕腾讯公司开源式的微信小程序开发这个主题，系统地介绍微信小程序发展历程，讲解微信小程序的开发基础、页面布局、页面组件、API 和即速应用，同时借助腾讯云端服务器技术，通过项目案例讲授小程序后端开发和发布运营，使读者在理解微信小程序的情况下，学会借助此平台开发自己的小程序，让创造发挥价值，让触手可及、用完即走的微信小程序广泛传播，服务于大众。

全书内容丰富，图文并茂，层次清晰，通俗易懂，易教易学，每章知识衔接紧密，知识技能和学习重点明确，课后习题综合运用知识实践性强，提供的案例素材极易实现运行，读者可以学中做，做中用，用中乐，能全面提高学生的学习兴趣，快速掌握教材知识。本书可供计算机网络技术、计算机信息管理、软件开发、电子商务等相关专业的师生及爱好者选用。

图书在版编目（CIP）数据

微信小程序开发与运营 / 朱继宏主编. —北京：电子工业出版社，2018.11

ISBN 978-7-121-35341-3

Ⅰ. ①微… Ⅱ. ①朱… Ⅲ. ①移动终端—应用程序—程序设计—高等学校—教材 Ⅳ. ①TN929.53

中国版本图书馆 CIP 数据核字（2018）第 245087 号

策划编辑：贺志洪
责任编辑：贺志洪
印　　刷：北京虎彩文化传播有限公司
装　　订：北京虎彩文化传播有限公司
出版发行：电子工业出版社
　　　　　北京市海淀区万寿路 173 信箱　邮编 100036
开　　本：787×1092　1/16　　印张：13.75　　字数：352 千字
版　　次：2018 年 11 月第 1 版
印　　次：2024 年 1 月第 3 次印刷
定　　价：56.00 元

凡所购买电子工业出版社图书有缺损问题，请向购买书店调换。若书店售缺，请与本社发行部联系，联系及邮购电话：（010）88254888，88258888。

质量投诉请发邮件至 zlts@phei.com.cn，盗版侵权举报请发邮件至 dbqq@phei.com.cn。

本书咨询联系方式：（010）88254609 或 hzh@phei.com.cn。

序　言

本教材在出版发行之前，聆听了作者编著思想的变迁，很有感触，为此书而序，也表明了与作者的观点相同。该教材的编著是在微信小程序、订阅号、服务号、企业号等应用盛行时，作者整理微信小程序开发技巧和开发思路时，蒙发了编著教材的设想。即今日之成果，作为教育行业的先行者——高校，我们有必要组织全院师资力量，编著《微信小程序开发与运营》这本教材，受益于广大师生和社会。

本教材以适应社会需求为目标，以培养技术应用能力为主线，以强调理论教学与实践训练并重为原则，围绕腾讯公司开源式的微信小程序开发这个主题，系统的介绍了微信小程序发展历程，讲解微信小程序的开发基础，页面布局、页面组件，API和即速应用，同时借助腾讯云端服务器技术，采用项目案例教授小程序后端开发和发布运营，使学生在理解微信小程序的情况下，学会借助此平台开发自己的小程序，让创造发挥价值，让触手可及、用完即走的微信小程序广泛传播，服务于大众。

全书内容丰富，图文并茂，层次清晰，通俗易懂，易教易学，每章知识关系衔接紧密，知识技能和学习重点明确，课后习题综合运用知识实践性强，提供的案例素材极易实现运行，学生在学中做，做中用，用中乐，能全面提高学生的学习兴趣，快速掌握教材知识。在编写此教材的过程中，得到了西安电子科技大学计算机、网络、软件开发等方面的资深专家丁振国教授精心点拨，西安财经学院文源教授的悉心指导，西安城市建设职业学院唐邦勋教授、吴修国教授、张吉毓院长及学院其他老师的关心和帮助，在此表示最诚挚的谢意。

本教材凝聚了作者十多年的教学经验，成章节的理论体系和实践经验，让我审视到我院的高等教育已开创了成果向导教育。我希望该教材能在计算机科学、网络技术、信息管理与信息系统、软件开发与电子商务等专业积极学习推广，加快我国信息化建设的步伐，让整个社会快速掌握及应用此技术，造福于人类。

小程序，大未来。

穆建國

2018年8月31日

目　　录

第 1 章　微信小程序概述

学习目标：

- 了解微信小程序的发展历程
- 了解微信小程序的特点及应用领域
- 掌握微信小程序开发工具的安装及使用
- 掌握微信小程序的开发流程
- 熟练使用微信开发者工具

1.1　认识微信小程序

1.1.1　微信小程序发展历程

微信（WeChat）是腾讯公司于 2011 年 1 月 21 日推出的一个为智能终端提供即时通信（IM）服务的应用程序，经过多年的发展已有 9 亿月活跃用户，因此可以说微信是当今移动时代最超级的 App。微信支持跨通信运营商、跨操作系统平台（iOS、Android、Windows Phone 等）通过网络快速发送语音短信、视频、图片和文字，同时使用通过共享流媒体内容的资料和基于位置的社交插件“摇一摇”“漂流瓶”“朋友圈”“公众平台”“语音记事本”等服务插件。

2016 年 1 月 11 日，微信之父张小龙解读了微信的四大价值观：一切以用户价值为依归、让创造发挥价值、好的产品应用完即走以及让商业化存在于无形之中。张小龙指出，越来越多产品通过公众号来做，因为在这里开发、获取用户和传播成本较低，但拆分出来的服务号并没有提供更好的服务，所以微信内部正在研究新的形态，叫“微信小程序”。

2016 年 9 月 21 日，微信小程序正式开启内测。在微信生态下，触手可及、用完即走的微信小程序引起广泛关注。同时腾讯云正式上线微信小程序解决方案，提供小程序在云端服务器的技术方案。

2017 年 1 月 9 日 0 点，微信第一批小程序正式上线，用户可以体验到各种各样小程序提供的服务。

2017 年 3 月 27 日，腾讯推出如下功能：微信小程序面向个人开发者开放、公众号自定义菜单跳转小程序、公众号模板消息可打开跳转相关小程序、绑定时可发送模板消息、兼容线下二维码、App 分享用小程序打开。

2017 年 4 月 17 日，小程序开发“长按识别二维码进入小程序”的功能。

2017 年 8 月 24 日，小程序为了提升用户使用体验效果，开放了使用手机号快速填写组件。微信会员卡商家在小程序内可以使用开卡组件帮助用户快速开卡，并自动将会员卡放入卡包。

2017 年 11 月 2 日，新增 Web-view 组件，该组件是一个可以用来承载网页的容器，会自动铺满整个小程序页面，同时微信还为内嵌至小程序的网页提供了一系列 JSSDK 接口，开发者可以利用这些接口，在网页中实现小程序的操控能力。

2017 年 12 月 28 日，微信在 6.6.1 版的主界面中，增加了小程序任务栏，并正式上线微信小程序“小游戏”，游戏开发者可开发小程序游戏。

微信之父张小龙曾经解释：小程序是一种不需要下载安装即可使用的应用，它实现了应用“触手可及”的梦想，用户扫一扫或者搜一下即可打开应用，也体现了“用完即走”的理念，用户不用关心是否安装太多应用的问题。应用将无处不在，随时可用，但又无须安装、卸载。

小程序、订阅号、服务号、企业微信（企业号）属于微信公众平台四大生态体系，它们面向不同用户群体，应用于不同方向和用途。小程序是一种新的开发能力，可以在微信内便捷地获取和传播，同时具有出色的使用体验；订阅号是为媒体和个人提供的一种新的信息传播方式，构建读者之间更好的沟通与管理模式；服务号是给企业和组织提供更强大的业务服务与用户管理能力帮助企业快速实现全新的公众号服务平台；企业微信为企业提供专业的通信工具、丰富的办公应用与 API，助力企业高效沟通与办公。

1.1.2 微信小程序的特征

小程序嵌入于微信之中，不需要下载安装即可使用，用户通过扫码和搜索功能即可进入，具备无须安装、触手可及、用完即走、无须卸载的特性。小程序可理解为“镶嵌在微信的超级 App”。

- 无须安装：小程序内嵌于微信程序之中，使用过程中用户无须在应用商店下载安装外部应用。
- 触手可及：用户通过扫码等形式直接接入小程序，实现线下场景与线上应用的即时联通。
- 用完即走：在线下场景中，对于身边需求可以直接接入小程序，无须安装及订阅，使用服务功能后无须卸载，实现“用完即走”理念。
- 无须卸载：访问过小程序后可直接将其关闭，没有卸载过程。
- 传播速度快：与微信公众号完美关联，使用方便快捷，打开速度快。

1.1.3 微信小程序的应用场景

张小龙先生希望微信小程序对用户来说，应该是“无处不在、触手可及、随时可用、用完即走”的一种“小应用”，重点在一个“小”字上。那么，简单、低频、轻量级、功能单一，不需要调动太多系统级能力的应用似乎更适合小程序。

简单是指应用本身的业务逻辑并不复杂，比如出行类应用“ofo”（见图 1-1），业务逻辑就非常简单：用户扫一扫就可以实现租车操作，整个服务的时间是短暂的，“扫完即走”。还有各类 O2O 家政服务、订餐类应用、天气预报类应用，都符合“简单”这个特性。对于业务复杂的应用，小程序无论从性能和体验上都没有办法和原生 App 相比。

低频是小程序使用场景的第二个特点。如果某种应用的使用频度很高，比如社交类的 QQ，社区类的百度贴吧、知乎，金融类的支付宝、银行等，由于使用的频度很高，以原生的 App 提供给用户会更好。比如在线购买电影票应用“猫眼电影”（见图 1-2），用户在小程序中在线购买电影票的服务，用户的使用频度不是很高，没有必要在手机中安装一个单独功能的 App。

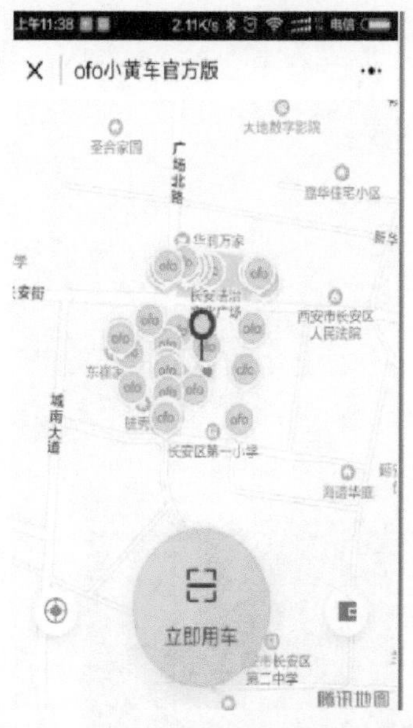

图 1-1　小黄车 App（图片截取自 ofo 小黄车小程序）

图 1-2　猫眼电影 App（图片截取自猫眼小程序）

根据目前的统计，小程序主要以商务服务、电商和餐饮行业居多，小程序还覆盖了媒体、工具、教育、房地产、旅游、娱乐等行业领域，图 1-3 所示为京东购物小程序。

根据中国首家提供小程序价值评估的第三方机构——阿拉丁指数统计，截至 2017 年 10 月 30 日，TOP10 小程序关注指数如图 1-4 所示。

图 1-3　京东购物小程序

小程序总榜　2017-10-30

排名	小程序名称	阿拉丁指数
1	摩拜单车	10000
2	蘑菇街女装精选	9416
3	拼多多	8419
4	京东购物	8275
5	美团外卖+	8181
6	携程订酒店机票火车票	8106
7	CoCo都可手机点餐	8078
8	肯德基+	8058
9	卷皮折扣	7889
10	饿了么外卖服务	7801

图 1-4　TOP10 小程序关注指数（图片截取自阿拉丁网站）

微信小程序的应用市场是随着用户的需求改变而改变的。随着微信小程序的进化，将来会出现越来越多的小程序，我们的生活将会变得更加方便、快捷和多彩。

1.2 微信小程序开发流程

开发小程序首先需要在微信公众平台上注册小程序，然后下载开发者工具进行编码，最后通过开发者工具提交代码，经过官方审核通过后便可发布。

1.2.1 注册小程序账号

注册小程序账号需要以下 4 步：

（1）在微信公众平台官网首页（mp.weixin.qq.com），点击右上角的“立即注册”，如图 1-5 所示。

图 1-5 注册小程序

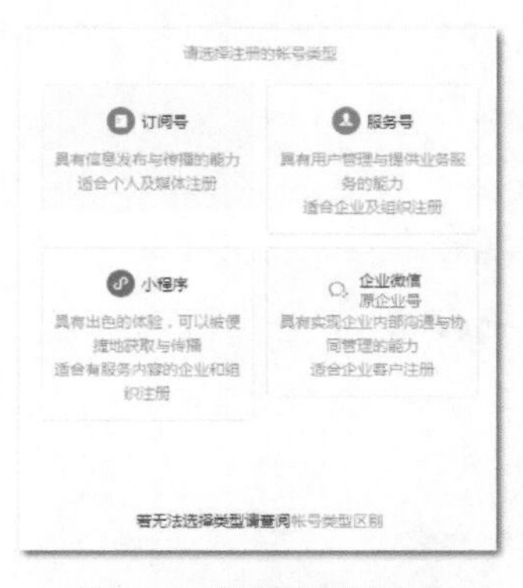

图 1-6 选择账号类型

（2）选择注册的账号类型，这里选择“小程序”，如图 1-6 所示。

（3）进入账号信息页面，填写未注册过公共平台、开放平台、企业号、未绑定个人账号的邮箱，这个邮箱将作为以后登录小程序后台的账号。填写个人账号的邮箱界面如图 1-7 所示。

（4）填写个人账号信息后，个人邮箱中会收到一封激活邮件，点击激活链接，进入主体信息页面选择“主体类型”，如图 1-8 所示。在此选择“个人”。（个人类型是指由自然人注册和运营的公众账号。个人类型暂不支持微信认证、微信支付及高级接口能力。如果选择其他类型，需要提供相应的资质材料）。

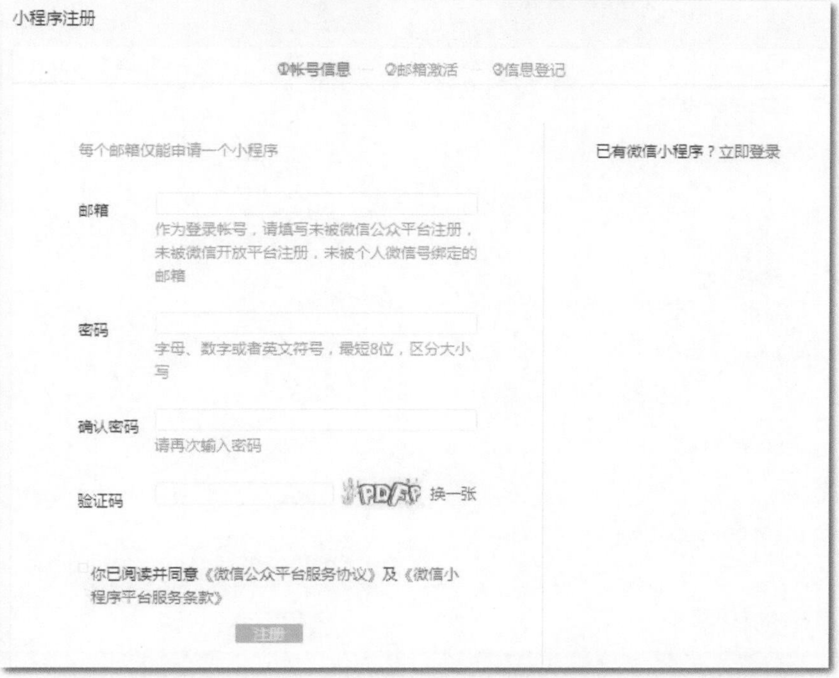

小程序注册

①帐号信息 — ②邮箱激活 — ③信息登记

每个邮箱仅能申请一个小程序

已有微信小程序？立即登录

邮箱

作为登录帐号，请填写未被微信公众平台注册，未被微信开放平台注册，未被个人微信号绑定的邮箱

密码

字母、数字或者英文符号，最短8位，区分大小写

确认密码

请再次输入密码

验证码 换一张

你已阅读并同意《微信公众平台服务协议》及《微信小程序平台服务条款》

注册

图 1-7 填写个人账号的邮箱界面

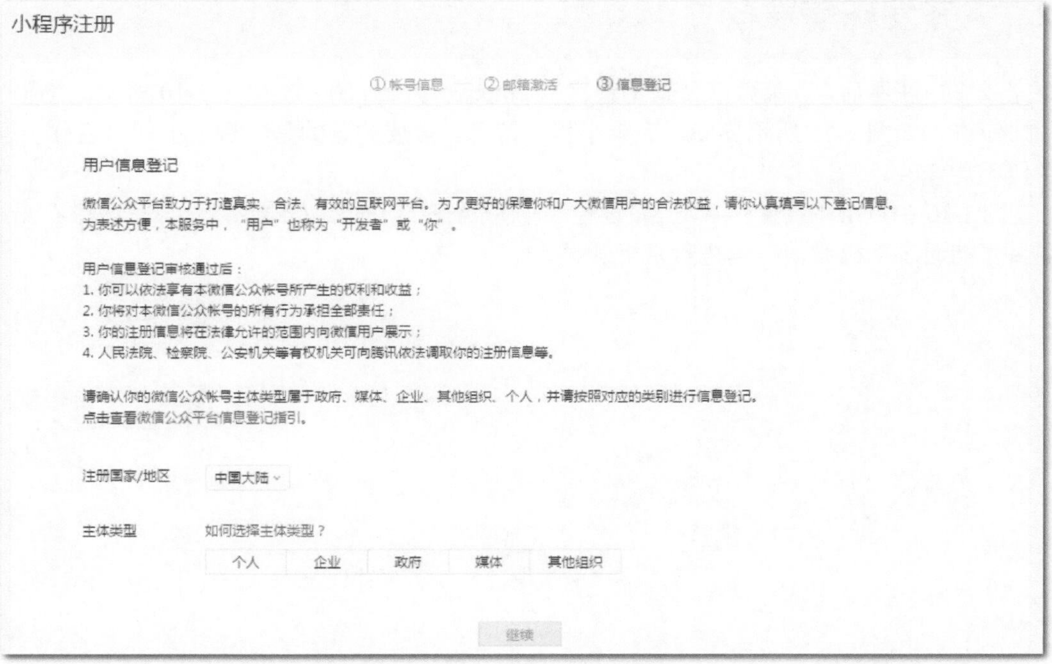

小程序注册

① 帐号信息 — ② 邮箱激活 — ③ 信息登记

用户信息登记

微信公众平台致力于打造真实、合法、有效的互联网平台。为了更好的保障你和广大微信用户的合法权益，请你认真填写以下登记信息。
为表述方便，本服务中，"用户"也称为"开发者"或"你"。

用户信息登记审核通过后：
1. 你可以依法享有本微信公众帐号所产生的权利和收益；
2. 你将对本微信公众帐号的所有行为承担全部责任；
3. 你的注册信息将在法律允许的范围内向微信用户展示；
4. 人民法院、检察院、公安机关等有权机关可向腾讯依法调取你的注册信息等。

请确认你的微信公众帐号主体类型属于政府、媒体、企业、其他组织、个人，并请按照对应的类别进行信息登记。
点击查看微信公众平台信息登记指引。

注册国家/地区 中国大陆

主体类型 如何选择主体类型？

个人 企业 政府 媒体 其他组织

继续

图 1-8 选择主体类型

（5）在打开的界面中填写相关内容，如图 1-9 所示点击“继续”按钮即可完成注册流程。

个人 企业 政府 媒体 其他组织

个人类型包括：由自然人注册和运营的公众帐号。

帐号能力：个人类型暂不支持微信认证、微信支付及高级接口能力。

主体信息登记

身份证姓名

信息审核成功后身份证姓名不可修改；如果名字包含分隔号“·”，请勿省略。

身份证号码

请输入您的身份证号码。一个身份证号码只能注册5个小程序。

管理员手机号码 获取验证码

请输入您的手机号码，一个手机号码只能注册5个小程序。

短信验证码 无法接收验证码？

请输入手机短信收到的6位验证码

管理员身份验证 请先填写管理员身份信息

继续

图 1-9　完善主体信息

1.2.2　开发环境准备

完成账户注册后，登录微信公众平台官网（mp.weixin.qq.com），如图 1-10 所示。点击“填写”按钮进入如图 1-11 所示界面，完善小程序信息。需要注意的是，目前小程序名称一旦确定后便不能修改。

在图 1-10 中点击“设置”→“开发设置”，获取 AppID，如图 1-12 所示。只有填写了 AppID 的项目才能通过手机微信扫码进行真机测试。

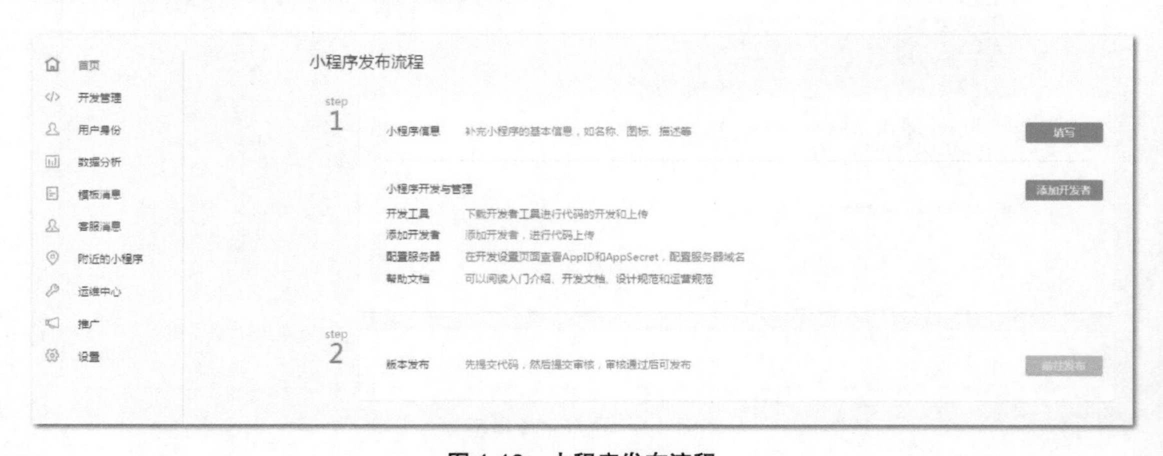

图 1-10　小程序发布流程

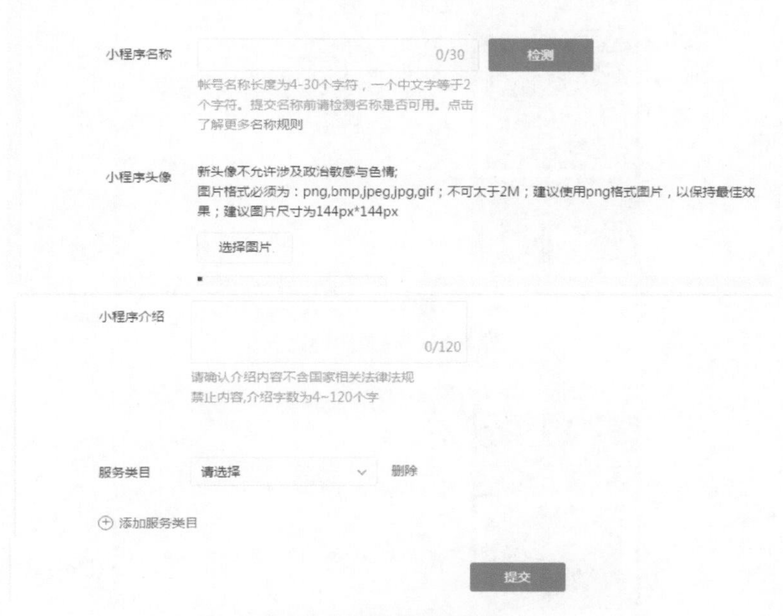

图 1-11　完善小程序信息

图 1-12　获取 AppID

1.2.3　微信开发工具的下载及安装

点击图 1-12 中的“开发者工具”链接（https://mp.weixin.qq.com/debug/wxadoc/dev/devtools/download.html），官方提供了 3 个版本的开发工具安装包：Windows64、Windows32 和 Mac。下面以 Windows64 位安装包为例，描述安装过程。

双击下载的安装包，将出现安装向导，如图 1-13 所示。

点击“下一步”按钮，按照安装向导提示，一直到安装完成，如图 1-14 所示，此时桌面上添加了“微信 web 开发者工具”快捷方式。

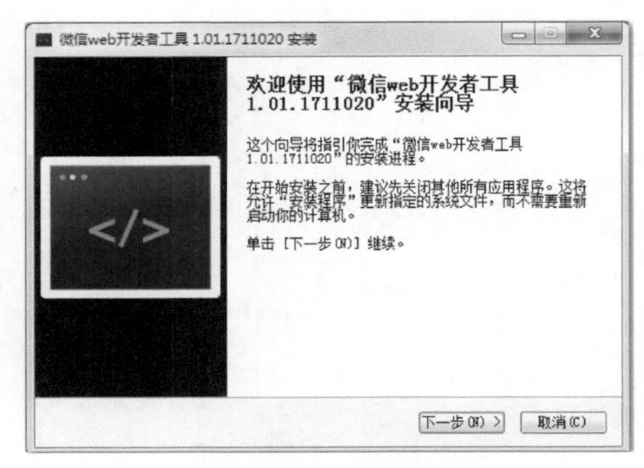

图 1-13　安装向导之一

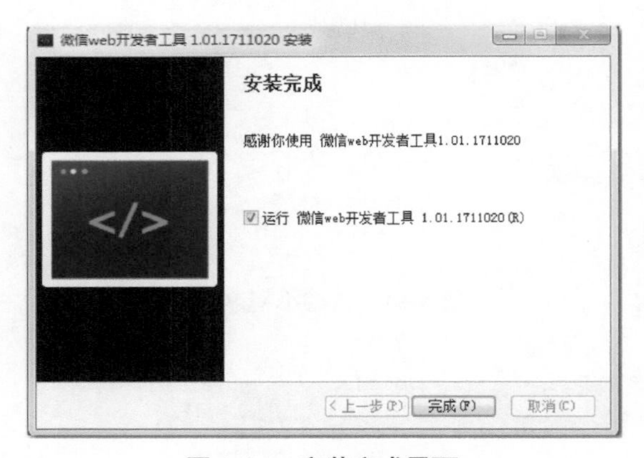

图 1-14　安装完成界面

1.2.4　创建第一个小程序项目

双击桌面上的“微信 Web 开发者工具”快捷方式，如果是第一次打开或者长时间未打开，开发工具都会弹出一个二维码，如图 1-15 所示。

使用开发者的微信扫码进入后，得到如图 1-16 所示的页面，用于选择项目类型。

点击“小程序项目”，将出现如图 1-17 所示页面。

图 1-15　登录微信开发者工具

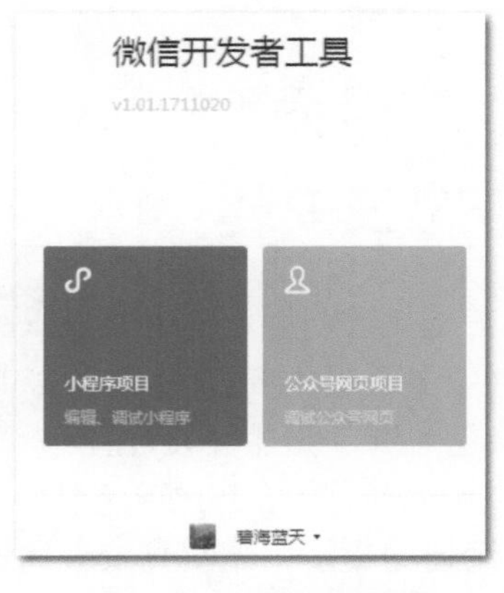

图 1-16　选择项目类型

图 1-17　填写项目信息

在页面中需要填入“项目目录”、“AppID”和“项目名称”，若无 AppID，可点击“可点此体验”（没有 AppID 将无法在真机上运行小程序，但并不影响小程序学习）。同时勾选“创建 QuickStart 项目”，点击“确定”按钮将成功创建一个官方提供的示例项目，如图 1-18 所示。

图 1-18　微信开发者工具

这个项目是官方提供的示例，第一个页面展示了当前登录的用户信息，点击头像会跳转到一个记录当前小程序启动时间的日志页面。

1.2.5　运行及发布小程序

开发者可以点击工具栏中的“调试器”，在模拟器中运行小程序，查看小程序的运行效果。开发者也可以点击工具栏中的“预览”，扫码后即可在微信客户端中体验，如图 1-19 所示。

图 1-19　手机扫码预览

开发者也可以点击工具栏中的“上传”，将小程序上传到微信公众平台中，如图 1-20 所示。

上传成功后，打开微信公众平台（mp.weixin.qq.com），点击“开发管理”，如图 1-21 所示。

此时会发现小程序已经上传至公众平台，点击“开发版本”中的“提交审核”按钮，通过审核后会提升为“审核版本”，“审核版本”提交审核通过后，会提升为“线上版本”，此时开发者点击“发布”可在微信发现中搜索小程序项目。

图 1-20　上传小程序代码

图 1-21　开发管理

1.3　微信开发工具界面功能介绍

成功创建项目后，可以进入到如图 1-22 所示的微信开发者工具主界面中。

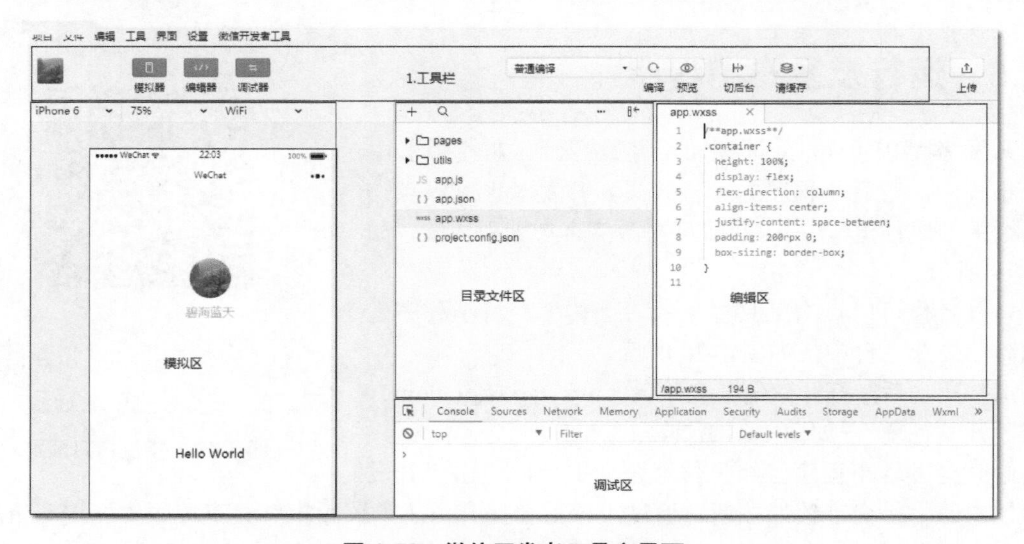

图 1-22　微信开发者工具主界面

图 1-22 所示的主界面中，我们把开发者工具主界面划分五大区域：工具栏、模拟区、目录文件区、编辑区和调试区。

在模拟区中可选择模拟手机的类型、显示比例、网络类型，选择后模拟器中会重新显示小程序运行效果。

目录文件区用来显示当前项目的目录结构，点击左上角的“+”可进行目录和文件的创建，右击目录文件区中的文件或目录可以进行“硬盘打开”“重命名”“删除”等相关操作。

编辑区用来实现对代码的编辑操作，编辑区中支持对.wxml、.wxss、.js 及.json 文件的操作，通常使用快捷键能提高代码编辑效率。常用快捷键及功能如表 1-1 所示。

表 1-1　常用快捷键及功能

快 捷 键	功　　能	快 捷 键	功　　能
Ctrl+S	保存文件	Ctrl+Home	移动到文件开头
Ctrl+[，Ctrl+]	代码行缩进	Ctrl+End	移动到文件结尾
Ctrl+shift+[，Ctrl+Shift+]	折叠、打开代码块	Shift+Home	选择从行首到光标处
Ctrl+Shift+Enter	在当前行上方插入一行	Shift+End	选择从光标处到行尾
Ctrl+Shift+F	全局搜索	Ctrl+i	选中当前行
Shift+Alt+F	代码格式化	Ctrl+D	选中匹配
Alt+Up，Alt+Down	上、下移动一行	Ctrl+Shift+L	选择所有匹配
Shift+Alt+Up（Down）	向上（下）复制一行	Ctrl+U	光标回退

调试区是帮助开发者进行代码调试及排查问题的区域，系统提供了 9 个调试功能模块，分别是 Console、Sources、Network、Security、Storage、Appdata、Wxml、Sensor 和 Trace。最右边的扩展菜单项是定制与控制开发工具按钮“…”，如图 1-23 所示。

Console　Sources　Network　Security　Storage　AppData　Wxml　Sensor　Trace
top　Filter　Default levels
Thu Nov 09 2017 08:25:52 GMT+0800（中国标准时间）无 AppID 关联　appservice:1101
请注意无 AppID 关联下，调用 wx.login 是受限的，API 的返回是工具的模拟返回　appservice:1101

图 1-23　调试区选项卡

（1）Console 面板：这是调试小程序的控制面板，在代码执行有错误时，错误信息将显示在这个面板中，可方便开发者排查错误。另外在小程序中，可通过 console.log（‘要输出的信息’）语句将信息输出到 Console 面板中，同时开发者可直接在此输入代码并调试。

（2）Sources 面板：源文件调试信息页，用于显示当前项目的脚本文件，调试区左侧显示的是源文件的目录结构，中间显示的是选中文件的源代码，右侧显示的是调试相关按钮，如图 1-24 所示。

Sources 面板中显示的代码是经过小程序框架编译过的脚本文件，开发者的代码会被包含在 define 函数中，并且对于 Page 代码，在文件尾部通过 require 函数主动调用。

（3）Network 面板：网络调试作息页，用于观察和显示网络请求 request 和 socket 等网络相关的详细信息，如图 1-25 所示。

（4）Security 面板：安全认证信息页，通过该面板可以去调试当前网页的安全和认证等问题，如果要设置安全论证，则会显示“The security of this page is unknown.”，如图 1-26 所示。

图 1-24 调试区 Sources 面板

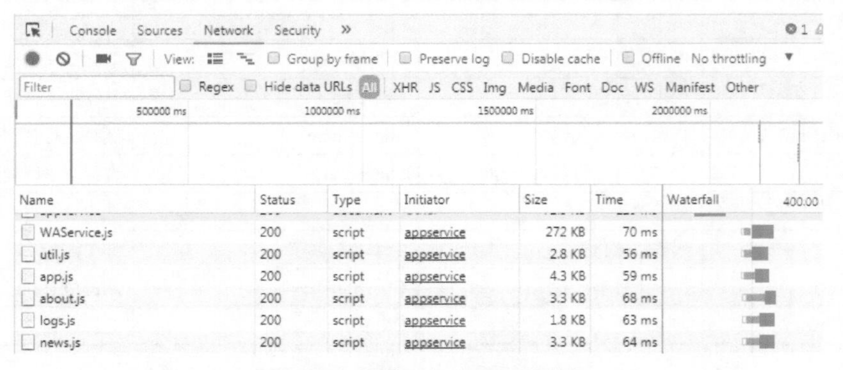

图 1-25 调试区 Network 面板

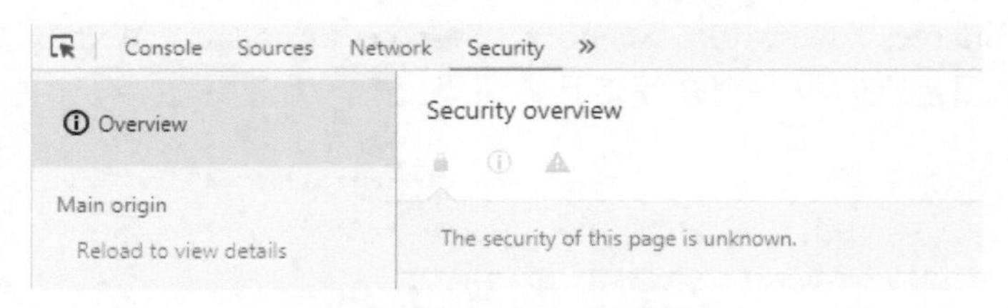

图 1-26 调试区 Security 面板

（5）Storage 面板：数据存储信息页，在小程序中可以使用 wx.setStorage 或者 wx.setStorage Sync 将数据存储在本地存储中，存储在本地存储中的变量及值可以在本面板中显示，如图 1-27 所示。

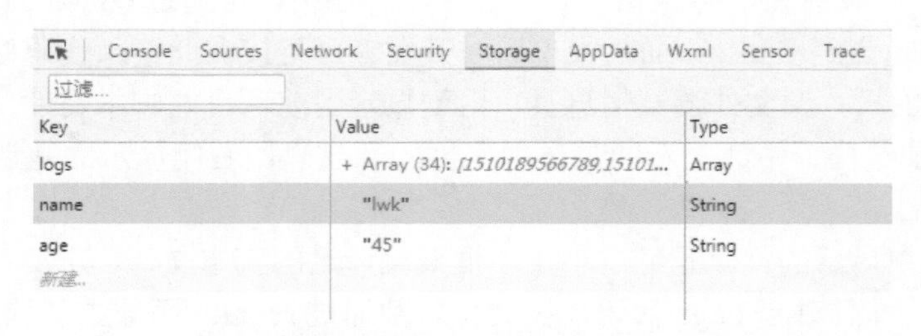

图 1-27 调试区 Storage 面板

（6）AppData 面板：实时数据信息页，用于显示项目中被激活的所有页面的数据情况，在这里不仅可以查看数据使用情况，而且可以更改数据，小程序框架会实时地将数据的变更情况反映到 UI 界面，如图 1-28 所示。

图 1-28 调试区 AppData 面板

（7）Wxml 面板：布局信息页，主要用于调试 Wxml 组件和相关 CSS 样式，显示 Wxml 转化后的界面。调试区左侧部分是 Wxml 代码，如图 1-29 所示。

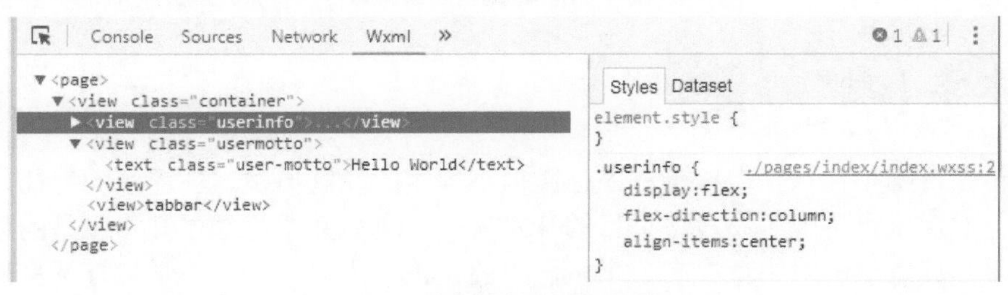

图 1-29 调试区 Wxml 面板

（8）Sensor 面板：重力传感器信息页，开发者可以在这里选择模拟地理位置，模拟移动设备表现，用于调试重力感应 API，如图 1-30 所示。

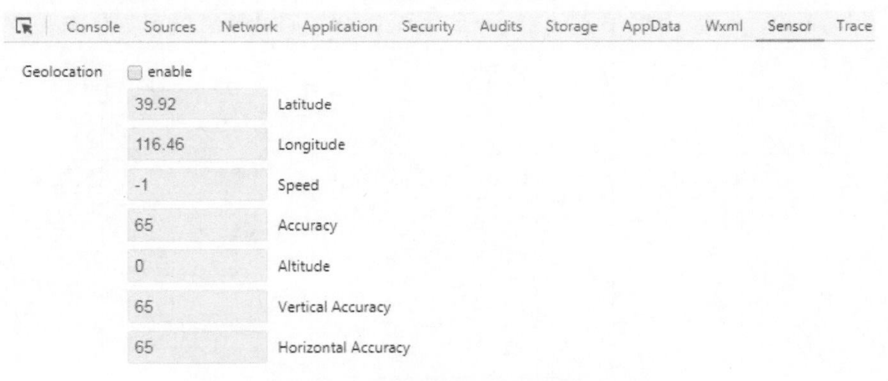

图 1-30 调试区 Sensor 面板

（9）Trace 面板：路由追踪信息页，开发者在这里可以追踪连接到计算机中 Android 设备的路由信息，如图 1-31 所示。

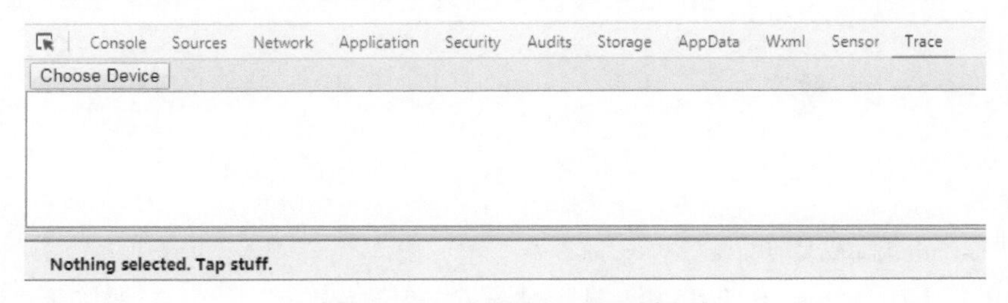

图 1-31 调试区 Trace 面板

（10）最右边的扩展菜单项目，主要包括对开发工具的一些定制与设置信息，开发者可以在此设置相关信息，如图 1-32 所示。

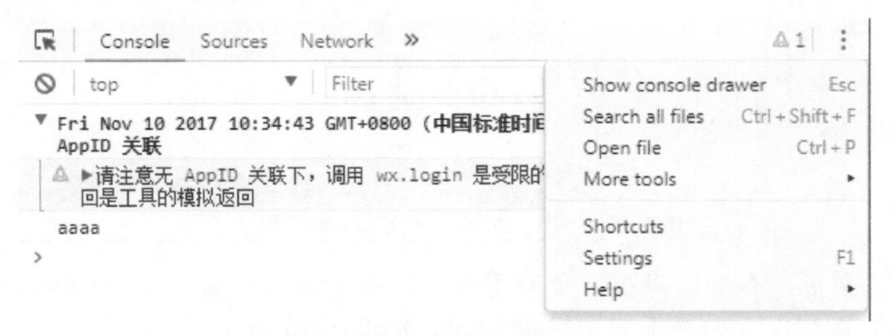

图 1-32 调试区扩展菜单

本章小结

本章首先讲解了什么是微信小程序、微信小程序的发展历程、小程序的特征、小程序的应用场景，然后重点讲解了小程序项目的开发流程，最后介绍小程序开发工具的使用。通过本章的学习，读者能够对小程序有一个概念上的认识，为以后章节的学习打下良好的基础。本章的知识体系如图 1-33 所示。

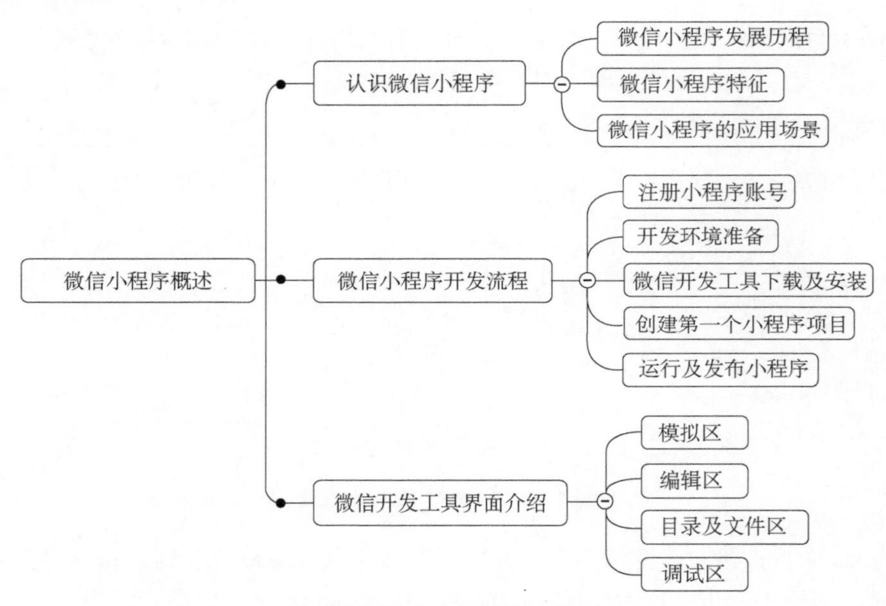

图 1-33 微信小程序概述知识体系

思考练习题

一、选择题

1. 微信小程序正式上线是时间是（　　）。

A. 2016 年 1 月　　B. 2016 年 9 月　　C. 2017 年 1 月　　D. 2017 年 4 月

2. 微信小程序的特征有（　　）。

A. 无须安装　　B. 触手可及　　C. 用完即走　　D. 无须卸载

3. 微信小程序可运行于（　　）系统环境。

A. Android　　B. iOS　　C. Windows　　D. Symbian

4. 在微信开发工具中，实现代码格式化的快捷键是（　　）。

A. Ctrl+/　　B. Shift+Alt+F　　C. F8　　D. F10

5. 小程序调试运行过程中可设置断点、单步运行的调试面板是（　　）。

A. Console　　B. Sources　　C. Network　　D. Storage

二、应用题

使用微信扫描图 1-34 所示二维码进入“人生进度”小程序，或通过微信发现中搜索“人生进度”进入“人生进度”小程序，通过设置出生日期查看人生进度表，体验小程序的使用，激励自我，珍惜每一天。

图 1-34　“人生进度”小程序二维码

三、操作题

打开网址“https://github.com/dunizb/wxapp-sCalc”下载小程序简易计算器源码 demo，解压后使用微信开发工具打开项目，分析小程序页面结构及相关代码，调试并运行。

第 2 章　小程序开发基础

学习目标：

- 了解小程序目录结构
- 了解小程序开发框架
- 掌握小程序文件类型
- 掌握小程序相关配置信息

2.1　小程序的基本目录结构

我们以第 1 章新建的官方示例项目为参考，来了解一个小程序项目的基本目录结构，如图 2-1 所示。

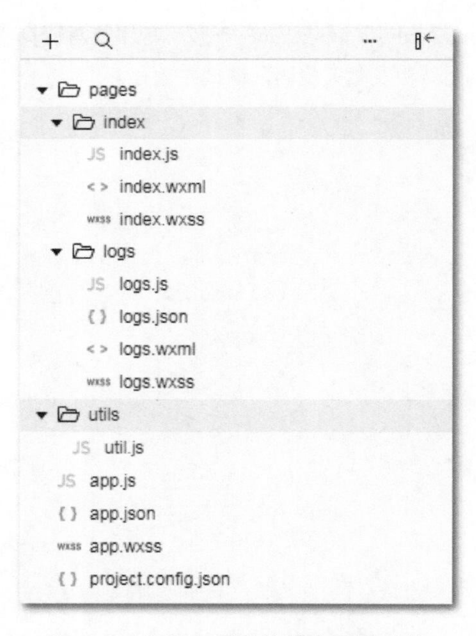

图 2-1　小程序项目的基本目录结构

通过图 2-1 所示的目录结构可以看出项目主目录下有 2 个子目录和 4 个文件。

主目录中 3 个以 app 开头的文件是微信小程序框架的主描述文件，是应用程序级别的文件，这 3 个文件不属于任何页面。

project.config.json 文件是项目配置文件，包含项目名称、appid 等相关信息，图 2-2（a）所示的是配置文件，图 2-2（b）所示的是开发工具详情的可视文件。

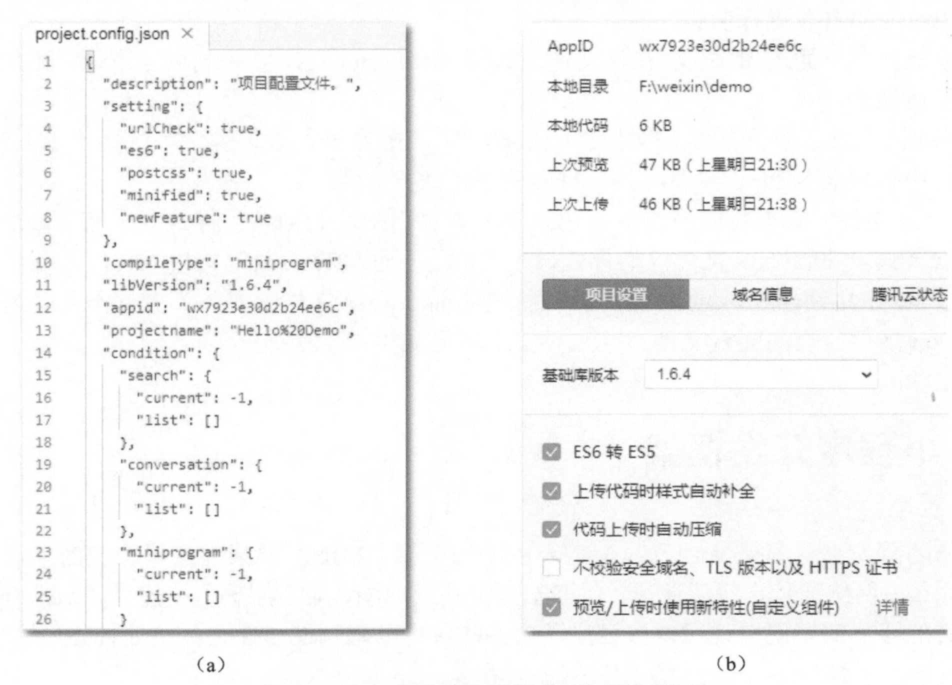

（a）　　　　　　　　（b）

图 2-2　项目配置文件及开发工具项目详情

pages 目录中有 2 个子目录，分别是 index 和 logs，每个子目录中保存着一个页面的相关文件，通常一个页面包含 4 个不同扩展名的.wxml、.wxss、.js 和.json 文件，分别用来表示页面结构文件、页面样式文件、页面逻辑文件和页面配置文件。按照规定同一个页面的 4 个文件必须具有相同的路径与文件名。

utils 目录是用来存放一些公共的 js 文件，在某个页面中如果需要用到该函数，可以将其引入后就可直接使用。通常小程序中可将一些图片、音频等资源类文件单独创建子目录用来存放。

2.1.1　主体文件

小程序的主体部分由 3 个文件组成，这 3 个文件必须放在项目的主目录中，文件名称也是固定的，它们负责小程序的整体配置。

- app.js　小程序逻辑文件，主要用来注册小程序全局实例，编译时会和其他页面的逻辑文件打包成一个 JavaScript 文件，项目中不可缺少。
- app.json　小程序公共设置文件，配置小程序全局设置，项目中不可缺少。
- app.wxss　小程序主样式表文件，类似于 HTML 的 css 文件，主样式表文件中设置的样式，在其他页面文件中同样有效，该文件不是必需的。

2.1.2 页面文件

小程序通常是由多个页面来组成的，每个页面包含 4 个文件，同一页面的这 4 个文件必须具有相同的路径与文件名，进入小程序或页面跳转时，小程序会根据 app.json 配置时的路径找到相对应的资源进行渲染。

- .js 文件　页面逻辑文件，在该文件中编写 JavaScript 代码以控制页面逻辑，其在页面中不可缺少。
- .wxml 文件　页面的结构文件，用来设计页面的布局、数据绑定等，相当于 HTML 页面中扩展名为 html 文件，其在页面中不可缺少。
- .wxss 文件　页面样式表文件，用来定义本页面中用到的各类样式表。若.wxml 文件内联样式及 app.wxss 文件内的样式表定义同本页面的样式表定义相同时，内联样式优先于.wxss 文件样式，.wxss 文件样式优先于 app.wxss 文件样式，该文件不是必需的。
- .json 文件　页面配置文件，其在页面中不可缺少。

2.2 小程序开发框架

微信团队为小程序提供命名为 MINA 的应用框架。MINA 框架通过封装微信客户端提供的文件系统、网络通信、任务管理、数据安全等基础功能，对上层提供一整套 JavaScript API，让开发者能够非常方便地使用微信客户端提供的各种基础功能与能力，快速构建一个应用。

2.2.1 MINA 框架

小程序 MINA 框架示意图如图 2-3 所示。

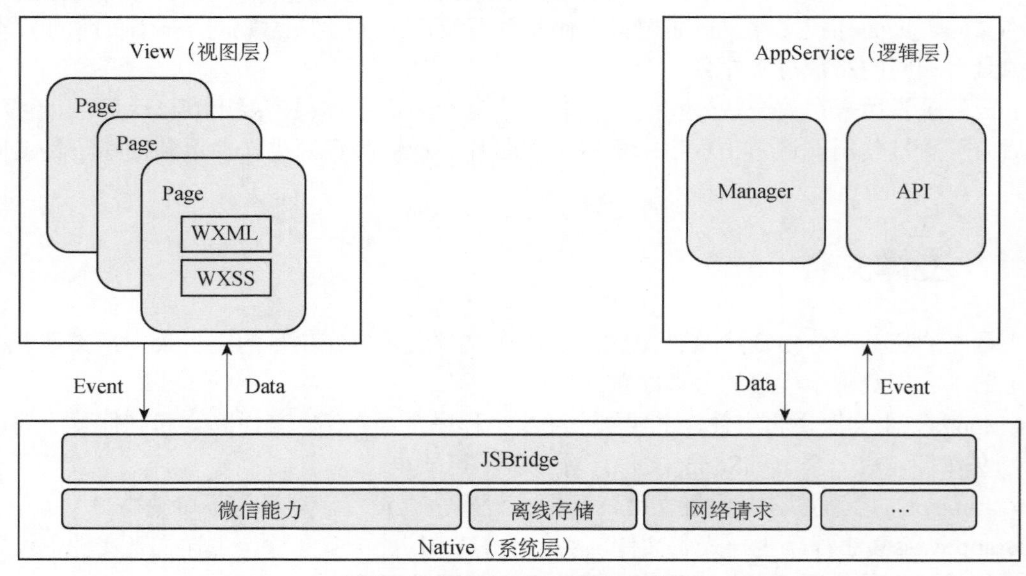

图 2-3　小程序 MINA 框架示意图

小程序 MINA 框架将整个系统划分为视图层和逻辑层，视图层是由框架设计的标签语言 WXML（WeiXin Markup Language）和用于描述 WXML 组件样式的 WXSS（WeiXin Style Sheets）组成，它们的关系就像 HTML 和 CSS 的关系。逻辑层是 MINA 的服务中心，由微信客户端启用异步线程单独加载运行。页面渲染所需的数据、页面交互处理逻辑都在 AppService 中实现。

MINA 框架中的 AppService 使用 JavaScript 来编写交互逻辑、网络请求、数据处理，但不能使用 JavaScript 中的 DOM 操作。小程序中的各个页面可以通过 AppService 实现数据管理、网络通信、应用生命周期管理和页面路由。

MINA 框架为页面组件提供了 bindtap、bindtouchstart 等事件监听相关的属性，来与 AppService 中的事件处理函数绑定在一起，实现面向 AppService 层同步用户交互数据。MINA 框架同时提供了很多方法将 AppService 中的数据与页面进行单向绑定，当 AppService 中的数据变更时，会主动触发对应页面组件的重新渲染。

微信小程序不仅在底层架构的运行机制上做了大量的优化，还在重要功能（如 page 切换、tab 切换、多媒体、网络连接等）上使用接近于 native 的组件承载。所以微信小程序 MINA 框架有着接近原生 App 的运行速度，做了大量的框架层面的优化设计，对 Android 端和 iOS 端做了高度一致的呈现，并且准备了完备的开发和调试工具。

2.2.2　逻辑层

逻辑层是事务逻辑处理的地方。对于微信小程序而言，逻辑层就是所有.js 脚本文件的集合。微信小程序在逻辑层将数据进行处理后发送给视图层，同时接受视图层的事件反馈。

微信小程序开发框架的逻辑层是用 JavaScript 编写的。在 JavaScript 的基础上，微信团队做了一些适当的修改，以便提高开发小程序的效率，主要修改包括：

- 增加 app 和 page 方法，进行程序和页面的注册。
- 提供丰富的 API，如扫一扫、支付等微信特有的能力。
- 每个页面有独立的作用域，并提供模块化能力。

逻辑层的实现就是编写各个页面的.js 脚本文件。但由于小程序并非运行在浏览器中，所以 JavaScript 在 Web 中的一些能力无法使用，如 document、window 等。

我们开发编写的所有代码最终都会打包成一份 JavaScript，并在小程序启动时运行，直到小程序销毁。

小程序系统默认提供的 app.js 内容如图 2-4 所示。

2.2.3　视图层

框架的视图层由 WXML 和 WXSS 编写，由组件来进行展示。对于微信小程序而言，视图层就是所有.wxml 文件与.wxss 文件的集合。.wxml 文件用于描述页面的结构；.wxss 文件用于描述页面的样式。

微信小程序在逻辑层将数据进行处理后发送给视图层并展现出来，同时接收视图层的事件反馈。视图层以给定的样式展现数据并反馈事件给逻辑层，而数据展现是以组件来进行的。组件是视图的基本组成单元。

```
app.js
1   //app.js
2   App({
3     /**
4      * 当小程序初始化完成时，会触发 onLaunch（全局只触发一次）
5      */
6     onLaunch: function () {
7     },
8     /**
9      * 当小程序启动，或从后台进入前台显示，会触发 onShow
10     */
11    onShow: function (options) {
12
13    },
14    /**
15     * 当小程序从前台进入后台，会触发 onHide
16     */
17    onHide: function () {
18
19    },
20    /**
21     * 当小程序发生脚本错误，或者 api 调用失败时，会触发 onError 并带上错误信息
22     */
23    onError: function (msg) {
24
25    }
26  })
```

图 2-4　app.js 文件内容

2.2.4　数据层

数据层包括页面临时数据或缓存、文件存储、网络存储或调用。

1．页面临时数据或缓存

在 Page( ) 中，我们要使用 setData 函数将数据从逻辑层发送到视图层，同时改变对应的 this.data 的值。

setData( ) 函数的参数接收一个对象。以 key，value 的形式表示将 this.data 中的 key 对应的值改变成 value。

2．文件存储（本地存储）

文件存储时要使用数据 API 接口，如下所示。

- wx.getStorage：用于获取本地数据缓存。
- wx.setStorage：用于设置本地数据缓存。
- wx.clearStorage：用于清理本地数据缓存。

3．网络存储或调用

网络存储或调用需使用 API 接口，如下所示。

- wx.request：用于发起网络请求。
- wx.uploadFile：用于上传文件。
- wx.downloadFile：用于下载文件。调用 URL 的 API 接口。
- wx.navigateTo：在新窗口打开页面。

● wx.redirectTo：在原窗口打开页面。

2.3　创建小程序页面

启动微信开发工具，创建新的项目 demo2，此处不勾选“创建 QuickStart 项目”，如图 2-5 所示。

图 2-5　创建 demo2 项目

点击“确定”按钮，可以看到开发工具的目录结构中只显示项目配置文件（project.config.json），同时系统提示错误信息，如图 2-6 所示。

图 2-6　新建空项目，系统提示错误

根据 2.1.1 小节中所提到的 3 个主体文件 app.js、app.json 和 app.wxss，在项目的主目录下建立这 3 个文件，小程序依然提示错误信息。

2.3.1　创建第一个页面文件

继续在项目主目录下新建一个 pages 目录，在 pages 目录下新建一个 index 目录，并在 index 目录下新建 index.js、index.wxml、index.json 和 index.wxss 空文件。新建后的目录结构如图 2-7 所示。

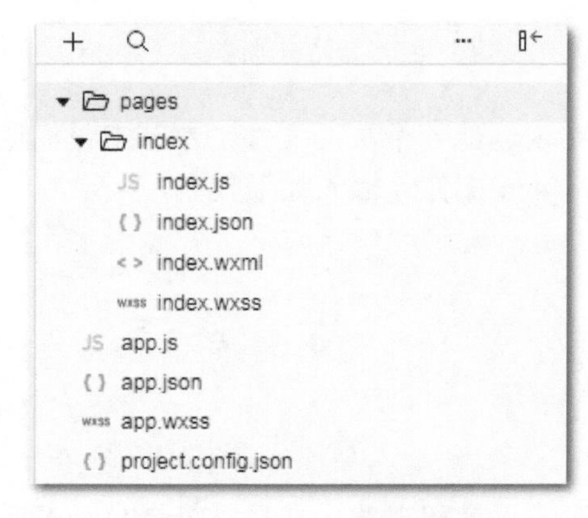

图 2-7　新建 index 页面后的项目目录结构

此时，系统仍然提示错误信息。我们的目的是在页面中显示“欢迎学习小程序，实现大梦想”。打开 index.wxml 文件，输入“欢迎学习小程序，实现大梦想”内容。现在要告诉系统这个文件及所示的路径。因此，打开项目配置文件 app.json，输入如下代码：

```
//app.json
{
"pages":["pages/index/index"
        ]
}
```

上面这段代码将 index 页面注册到小程序中，这个对象的第一属性 pages 接受一个数组，数组的每一项是一个字符串，字符串由“路径+文件名”组成，不包含扩展名。pages 属性用来指定这个项目由哪些页面组成，多个页面之间用“,”分隔。

此时，系统仍然提示错误信息。打开 index.json 文件，输入如下代码：

```
//index.json
{
}
```

在 index.json 文件中只需加入一对空“{}”就可以。

打开 index.js 文件，输入如下代码：

```
//index.js
Page({
})
```

只需引入 Page( ) 方法保证 index.js 文件不为空，否则小程序会报错。

保存后编译，模拟器中得到所需的结果。各文件的代码内容如表 2-1 所示。

表 2-1 项目中文件名及内容

文 件 名	代码内容
app.js	空
app.json	{“pages”：[“pages/index/index”]}
app.wxss	空
index.js	Page({ })
index.json	{ }
index.wxml	欢迎学习小程序，实现大梦想
index.wxss	空

2.3.2 创建另一个页面文件

2.3.1 小节中我们通过创建目录及 4 个文件方式实现创建一个页面文件，本节中我们通过另一种方式来实现创建一个页面文件 news，打开 app.json 文件，输入如下代码：

```
//app.json
{
"pages":["pages/news
/news",
       "pages/index/index"
        ]
}
```

保存后，我们会发现目录结构中自动添加了相应的目录和文件，并且系统会自动补全每个页面文件中必需的基本代码，不会出现错误，如图 2-8 所示。

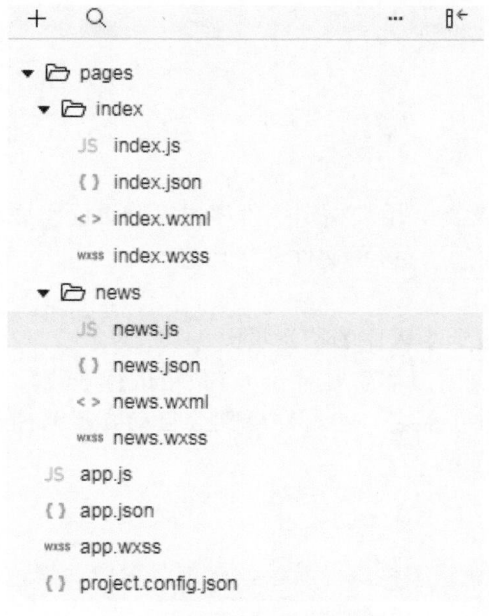

图 2-8 添加 news 页面文件

2.4 配置文件

2.4.1 全局配置文件（app.json）

小程序的全局配置保存在 app.json 文件中，通过使用 app.json 来配置页面文件（pages）的路径、窗口（window）表现、设定网络超时时间值（networkTimeout）以及配置多个切换页（tarBar）等。表 2-2 列出了各全局配置项的相关描述。

表 2-2 各全局配置项的相关描述

配 置 项	类 型	必 填	描 述
pages	Array	是	设置页在路径
window	Object	否	设置默认页面的窗口表现
tabBar	Object	否	设置底部 tab 的表现
networkTimeout	Object	否	设置网络超时时间
debug	Boolean	否	设置是否开启 debug 模式

app.json 文件内容整体结构如下：

```
{
//页面路径设置
"pages":[],
//默认页面的窗口设置
"window":{},
//底部 tab 设置
"tabBar":{},
//设置网络请求 API 的超时时间
```

```
"networkTimeout":{},
//是否开启 debug 模式
"debug":false
}
```

1. pages 配置项

pages 配置项接受一个数组，用来指定小程序由哪些页面组成，是必填项，数组的每一项都是字符串，代表对应页面的“路径+文件名”信息。

pages 配置项需注意以下三点：

- 数组的第一项用于设定小程序的初始页面。
- 小程序中新增/减少页面，都需要对 pages 数组进行修改。
- 文件名不需要写文件扩展名。小程序框架会自动寻找路径及.js、.json、wxml 和.wxss 四类文件进行整合渲染。

2. window 配置

window 负责设置小程序状态栏、导航条、标题、窗口背景色等系统样式。window 可配置的对象参见表 2-3。

表 2-3 window 配置及其描述

对　象	类　型	默认值	描　述
navigationBarBackgroundColor	HexColor	#000000	导航栏背景色，如#000
navigationBarTextStyle	String	White	导航栏标题颜色，仅支持 white/black
navigationBarTitleText	String		导航栏标题文字内容
BackgroundColor	HexColor	#ffffff	窗口的背景色
backgroundTextStyle	String	Dark	下拉背景字体，仅支持 dark/light
enablePullDownRefresh	Boolean	False	是否开启下拉刷新

在 app.json 中设置如下 window 配置项：

```
"window":{
   "navigationBarBackgroundColor":"#ffffff",
   "navigationBarTextStyle":"black",
   "navigationBarTitleText":"小程序 window 功能演示",
   "backgroundColor":"#eeeeee",
   "backgroundTextStyle":"light"
}
```

3. tabBar 配置

当程序顶部或底部需要菜单栏时，可以通过配置 tabBar 实现，可配置属性如表 2-4 所示。

表 2-4 tabBar 配置及其描述

对　象	类　型	必　填	默认值	描　述
color	HexColor	是		标签页上的文字默认颜色
selectedColor	HexColor	是		标签页上的文字选中时的颜色
backgroundColor	HexColor	是		标签页的背景色
borderStyle	String	否	Black	标签条之上的框线颜色，仅支持 black/white
list	Array	是		标签页列表，支持最少 2 个，最多 5 个标签页

list（列表）接受数组值，数组中的每一项也都是一个对象。对象的数据值说明如表 2-5 所示。

表 2-5　对象的数据值说明

对　　象	类　型	必　填	描　　述
pagePath	String	是	页面路径，必须在 pages 中先定义
text	String	是	标签页上按钮文字
iconPath	String	是	标签上 icon 图片路径，icon 图片大小限制为 40KB
selectedIconPath	String	是	标签选中时 icon 图片路径，icon 图片大小限制为 40KB

在 app.json 文件中设置如下 tabBar 配置：

```
{
"tabBar":{
    "color":"#666666",
    "selectedColor":"#ff0000",
    "borderStyle":"black",
    "backgroundColor":"#ffffff",
    "list":[
            {
            "pagePath":"pages/index/index",
            "iconPath":"images/index1.png",
            "selectedIconPath":"images/index2.png",
            "text":"首页"
            },
            {
                "pagePath":"pages/news/news",
                "iconPath":"images/news1.png",
                "selectedIconPath":"images/news2.png",
                "text":"新闻"
            }
        ]
    }
}
```

tabBar 配置后的标签页效果如图 2-9 所示。

图 2-9　tabBar 配置后的标签页效果

4．networkTimeout 配置

小程序中各种网络请求 API 的超时时间只能通过 networkTimeout 来统一设置，不能在 API 中单独设置，networkTimeout 可配置属性及描述如表 2-6 所示。

表 2-6　networkTimeout 可配置属性及描述

对　象	类　型	必　填	描　述	默 认 值
request	Number	否	wx.quest 的超时时间，单位毫秒	60000
connectSocket	Number	否	wx.connectSocket 的超时时间，单位毫秒	60000
uploadFile	Number	否	wx.uploadFile 的超时时间，单位毫秒	60000
downloadFile	Number	否	wx.downloadFile 的超时时间，单位毫秒	60000

比如，为提高网络响应效率，可以在 app.json 中使用下列超时设置：

```
{
  "networkTimeout":{"requ
    est":20000,
    "connectSocket":20000,
    "uploadFile":20000,
    "downloadFile":20000
  }
}
```

5．debug 配置项

debug 配置项用于开启开发者工具的调试模式，默认为 false。开启后，页面的注册、路由、数据更新、事件触发等调试信息将以 info 的形式，输出到 Console（控制台）面板上。

2.4.2　页面配置文件

除了 app.json 配置文件外，还可以在每个页面的.json 文件中进行配置，但只能设置本页面的窗口表现，而且只能设置 window 配置项的内容，并且页面中的 window 配置值将覆盖 app.json 中的配置值。

页面中的 window 配置无须书写 window 这个键，如下所示：

```
{
    "navigationBarBackgroundColor":"#ffffff",
    "navigationBarTextStyle":"black",
    "navigationBarTitleText":"页面 window 配置演示",
    "backgroundColor":"#eeeeee",
    "backgroundTextStyle":"light"
}
```

2.5　逻辑层文件

小程序中逻辑文件分为项目逻辑文件和页面逻辑文件，项目逻辑文件 app.js 中可以通过 App( ) 函数注册小程序生命周期函数、全局属性和全局方法，已注册的小程序实例可以在其他页面逻辑文件中通过 getApp( ) 获取。

2.5.1 小程序逻辑文件

App( ) 函数用于注册一个小程序，参数为 Object，用于指定小程序的生命周期函数、用户自定义属性和方法，其参数及描述如表 2-7 所示。

表 2-7 App( ) 函数参数及描述

参　数	类　型	描　述
onLaunch	Function	当小程序初始化完成时，自动触发 onLaunch，且只触发一次
onShow	Function	当小程序启动，或从后台进入前台显示，自动触发 onShow
onHide	Function	当小程序从前台进入后台，自动触发 onHide
其他	Any	开发者自定义的属性或方法，用 this 可以访问

当启动小程序时，首先会依次触发生命周期函数 onLanuch 和 onShow 方法，然后通过 app.json 的 pages 属性注册相应的页面，最后根据默认路径加载首页；当用户点击左上角的"关闭"按钮或按设备 Home 键离开微信时，小程序并没有直接销毁，而是进入后台，这两种情况都会触发 onHide 方法；当再次进入微信或再次打开小程序，又会从后台进入前台，这时会触发 onShow 方法。只有当小程序进入后台一定时间，或者系统资源占用过高，才会被真正销毁。

我们在 Demo2 的 app.js 加入如图 2-10 所示代码。

```
app.js
1  App({
2    // 当小程序初始化完成时，会触发 onLaunch（全局只触发一次）
3    onLaunch: function () {
4      console.log("小程序初始化完成....")
5    },
6    // 当小程序启动，或从后台进入前台显示，会触发 onShow
7    onShow: function (options) {
8      console.log("小程序显示");
9      console.log( this.data);
10     console.log(this.fun())
11   },
12   //当小程序从前台进入后台，会触发 onHide
13   onHide: function () {
14     console.log("小程序进入后台")
15   },
16   // 当小程序发生脚本错误，或者 api 调用失败时，会触发 onError 并带上错误信息
17   onError: function (msg) {
18   },
19   //自定义方法
20   fun: function () {
21     console.log("在app.js中定义的方法");
22   },
23   //自定义属性
24   data: '在app.js中定义的属性'
25 })
```

图 2-10 app.js 配置文件

图 2-11 Console 面板显示效果

保存并编译，Console 面板显示效果如图 2-11 所示。

小程序启动后首先触发 onLanuch 方法，然后触发 onShow 方法，在 onShow 方法中通过 this 获取自定义属性和自定义方法并显示。在其他逻辑文件中，可以通过全局函数 getApp( ) 方法获取小程序实例，例如：

```
var app=getApp();
Console.log(app.data);
```

2.5.2 页面逻辑文件

页面逻辑文件主要功能有：设置初始化数据、注册当前页面生命周期函数、注册事件处理函数等。每个页面文件都有一个相应的逻辑文件，逻辑文件是运行在纯 JavaScript 引擎中的，因此在逻辑文件中不能使用浏览器提供的特有对象（document、window）及通过操作 DOM 改变页面，采用数据绑定和事件响应实现。

在逻辑层，Page( ) 方法用来注册一个页面，并且每个页面有且仅有一个，其参数及描述如表 2-8 所示。

表 2-8 Page( ) 方法参数及描述

参 数	类 型	描 述
data	Object	页面的初始数据
onLoad	Function	页面生命周函数——监听页面加载
onReady	Function	页面生命周函数——监听页面初次渲染完成
onShow	Function	页面生命周函数——监听页面显示
onHide	Function	页面生命周函数——监听页面隐藏
onUnload	Function	页面生命周函数——监听页面卸载
onPullDownRefreash	Function	监听用户下拉动作
onReachBottom	Function	页面上拉触底事件的处理函数
其他	Any	自定义函数或数据，用 this 可以访问

1. 初始数据

初始数据将作为页面的第一次渲染。对象 data 将会以 JSON 的形式由逻辑层传至视图层，因此数据必须是可以转成 JSON 的格式数据，如字符串、数字、布尔值、对象、数组。

视图层可以通过 WXML 对数据进行绑定。

初始数据、渲染及运行效果如图 2-12 所示。

图 2-12 初始数据、渲染及运行效果

2．页面生命周期

在 page( ) 函数的参数中可定义当前页面的生命周期函数。页面的生命周期函数主要有 onLoad、onShow、onReady、onHide、onUnload。

- onLoad：页面加载函数，当页面加载完成后调用该函数，一个页面只会调用一次。该函数的参数可以获取 wx.navigateTo 和 wx.redirectTo 及<navigator/>中的 query。
- onShow：页面显示函数，页面显示时调用该函数，每次打开页面都会调用一次。
- onReady：页面渲染函数，页面初次渲染完成调用该函数。一个页面只会调用一次，代表页面已经准备就绪，可以和视图层进行交互。
- onHide：页面隐藏函数，页面隐藏时调用该函数，当 navigateTo 或底部进行 tab 切换时调用。
- onUnload：页面卸载函数，页面卸载时调用该函数，当进行 navigateBack 或 redirectTo 操作时调用该函数。

例如，在 index.js 和 news.js 文件中加入如图 2-13 所示的代码。

index.js

```
1  // pages/index/index.js
2  Page({
3    // 生命周期函数--监听页面加载
4    onLoad: function (options) {
5      console.log("index onLoad  ....")
6    },
7    // 生周期函数--监听页面初次渲染完成
8    onReady: function () {
9      console.log("index onReady ....")
10   },
11   //  生命周期函数--监听页面显示
12   onShow: function () {
13     console.log("index onShow ....")
14   },
15   //* 生命周期函数--监听页面隐藏
16   onHide: function () {
17     console.log("index onHide....")
18   },
19   //  生命周期函数--监听页面卸载
20   onUnload: function () {
21     console.log("index onUnload ....")
22   },
```

news.js

```
1  // pages/news/news.js
2  Page({
3    // 生命周期函数--监听页面加载
4    onLoad: function (options) {
5      console.log("news onLoad ....")
6    },
7    // 生周期函数--监听页面初次渲染完成
8    onReady: function () {
9      console.log("news onReady ....")
10   },
11   //  生命周期函数--监听页面显示
12   onShow: function () {
13     console.log("news onShow ....")
14   },
15   //* 生命周期函数--监听页面隐藏
16   onHide: function () {
17     console.log("news onHide....")
18   },
19   //  生命周期函数--监听页面卸载
20   onUnload: function () {
21     console.log("news onUnload ....")
22   },
23 })
```

图 2-13　index.js 和 news.js 文件代码

保存并编译后，Console 面板出现如图 2-14 所示的效果。

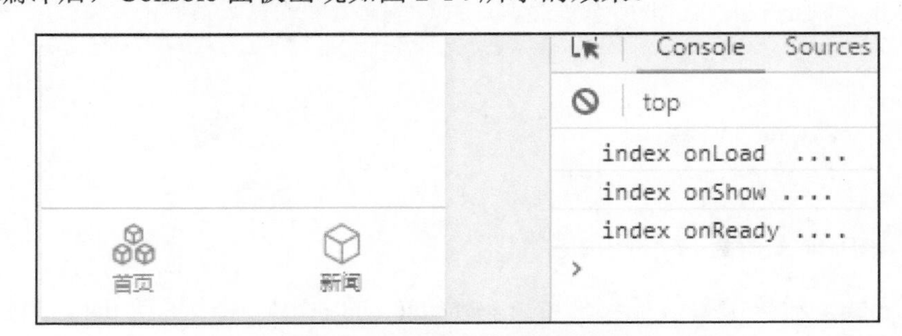

图 2-14　Console 面板运行效果

点击“新闻”选项卡，Console 面板出现如图 2-15 所示效果。

再次点击“首页”选项卡，Console 面板出现如图 2-16 所示的效果。

图 2-15　新闻页面显示，首页隐藏

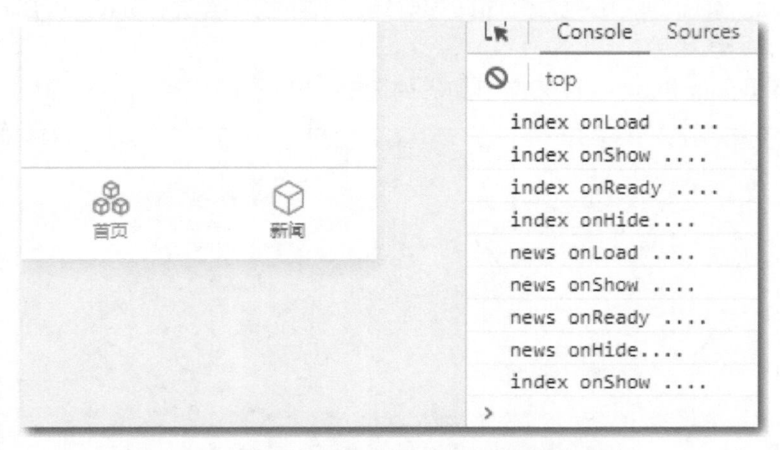

图 2-16　新闻页面隐藏，首页再次显示

3. 事件处理函数

开发者在 Page( ) 中自定义的函数称为事件处理函数。视图层可以在组件中加入事件绑定，当达到触发事件时，就会执行 Page 中定义的事件处理函数。

示例代码如下：

```
//index.wxml
<view bindtap="myclick">点击执行逻辑层事件</view>
//index.js
Page({
myclick:function(){
   Console.log("点击了 view">
}
});
```

4. 使用 setData 更新数据

小程序在 Page 对象中封装了一个名为 setData( ) 的函数，用来更新 data 中的数据。函数参数为 Object，以 key:value 对的形式表示将 this.data 中的 key 对应的值修改为 value。

示例代码如图 2-17 所示。

保存并编译，修改前后运行效果如图 2-18 所示。

setdata.js

```
Page({
  data: {
    name: 'lwk', //字符串
    birthday: [{ year: 1988 }, { month: 11 }, { date: 18 }], //数组
    object: { hobby: 'computer' }   //对象
  },
  chtext:function(){
    this.setData({
      name:'lzh'
    });
  },
  charray:function(){
    this.setData({
      'birthday[0].year':2005
    });
  },
  chobject:function(){
    this.setData({
      'object.hobby':'music'
    })
  },
  adddata:function(){
    this.setData({
      'address':'shanxi'
    })
  }
})
```

setdata.wxml

```
<view >{{name}}</view>
<button bindtap="chtext">修改普通数据</button>
<view >{{birthday[0].year}}</view>
<button bindtap="charray">修改数组数据</button>
<view >{{object.hobby}}</view>
<button bindtap="chobject">修改对象数据</button>
<view >{{address}}</view>
<button bindtap="adddata">添加数据</button>
```

图 2-17 setData.js 和 setData.wxml 文件代码

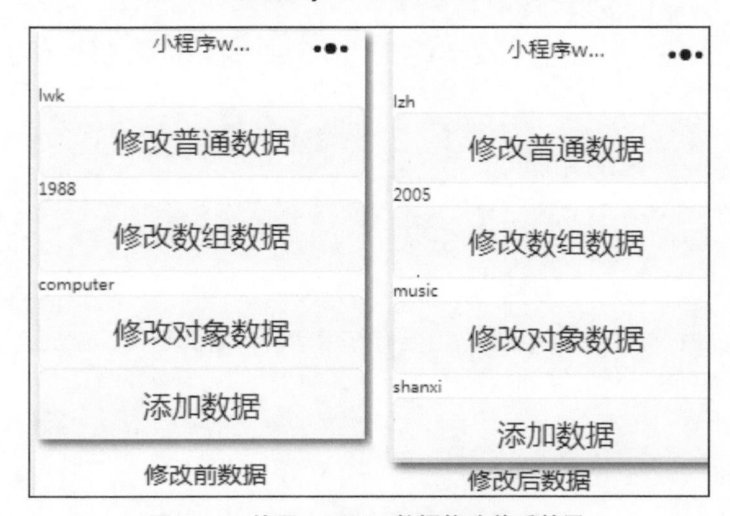

图 2-18 使用 setData 数据修改前后效果

2.6 页面结构文件 WXML

微信小程序的视图层由页面结构文件和页面样式文件组成，视图层将逻辑层的数据反映成视图，同时将视图层的事件发送给逻辑层。

WXML 是框架设计的一套类似 HTML 的标签语言，结合基础组件、事件系统，可以构建出页面的结构，即.wxml 文件。在小程序中类似 HTML 的标签称之为组件，它是页面结构文件的基本组成单元。这些组件有开始（如<view>）和结束（如</view>）标志，每个组件可

设置不同的属性（如 id、class 属性），组件还可以嵌套。

WXML 还具有数据绑定、条件渲染、列表渲染、使用模板、引用页面文件等能力。

1．数据绑定

小程序页面渲染时，框架会将 WXML 文件同逻辑文件中 Page 的 data 进行动态绑定，在页面中使用 data 中的数据。小程序的数据绑定使用 Mustache 语法（{{}}）将变量或运算规则包起来。

（1）简单绑定

简单绑定是指使用{{}}（双大括号）将变量包起来，在页面中直接作为字符串输出使用，可作用于内容、组件属性、控制属性等输出，注意作用于组件属性、控制属性时用双引号引起来。

示例代码如下：

```
//wxml
<!--作为内容-->
<view>{{name}}</view>
<!--作为组件属性-->
<image  src="{{img}}"></image>
<!--作为控制属性-->
<view  wx:if="{{sex}}">男</view>
//js
Page({
//页面的初始数据
data:{
   name:'lwk',
   img:'/images/news2.png',
   sex:true
},
})
```

（2）运算

在{{}}内可以做一些简单的运算，主要有算术运算、逻辑运算、三元运算、字符串运算，这些运算均符合 JavaScript 运算规则。

示例代码如下：

```
//wxml
<!--算术运算--->
<view>{{num1}}+{{num2}}={{num1+num2}}</view>
<!---逻辑运算-->
<view>{{num1+num2==num1+num2}}</view>
<!---三元运算-->
<view>{{num1>num2?'num1>num2':'num1<num2'}}</view>
<!---字符串运算-->
<view>{{Hello'+name}}</view>
<!---数据路径运算-->
<view>{{object.hobby}}</view>
<view>{{birthday[0]}}</view>
//js
Page({
//页面的初始数据
data:{
      name:'lwk',
```

```
      num1:2,
      num2:3,
      num3:10,
      object:{hobby:'computer'},
      birthday:[1988,11,18]
    },
})
```

保存并编译，执行效果如图 2-19 所示。

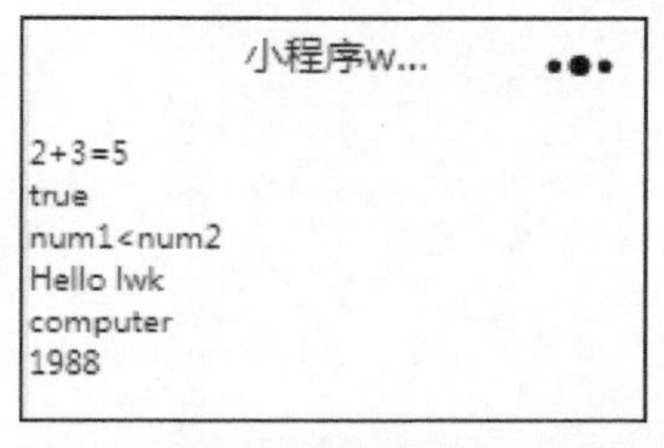

图 2-19 WXML 运算执行效果

2．条件渲染

所谓条件渲染就是根据绑定表达式的逻辑值来判断是否渲染当前组件。

（1）wx:if 条件渲染

使用 wx:if 这个属性来判断是否渲染当前组件，例如：

```
<view wx:if="{{conditon}}">内容</view>
```

在以上代码中，当 condition 变量的值为 true，view 组件将渲染输出相关内容，当 condition 为 false，view 组件将不渲染。

可以使用 wx:elif、wx:else 来添加多个分支块，当控制表达式为 true 渲染一个分支，控制表达式为 false 时渲染另一个分支。例如：

```
<viewwx:if="{{x>0}}">1</view>
<viewwx:elif="{{x==0}}">0</view>
<viewwx:else>-1</view>
```

在以上代码中，当 x 的值大于 0 时，输出 1，当 x 等于 0 时，输出 0，否则输出-1。

（2）block wx:if 条件渲染

当需要通过一个表达式去控制多个组件时，可以通过<block>将多个组件包起来，然后在<block>中添加 wx:if 属性即可。例如：

```
<block wx:if="{{true}}">
<view>view1 </view>
<view>view2</view>
</block>
```

3．列表渲染

列表渲染用于将列表中的各项数据进行重复渲染。

（1）wx:for

在组件上使用 wx:for 控制属性绑定一个数组，将数据中各项数据循环渲染到该组件，格式如下：

```
<view wx:for="{{items}}">
{{index}}:{{item}}
</view>
```

在上面的代码中，items 为一个数组，数组当前项的下标变量名默认为 index，数组当前项的变量名默认为 item，示例代码如下。

```
//js
Page({
```

```
data:{
    student:[
        {name:'Tom',age:15,hobby:'game'},
        {name:'Helen',age:14,hobby:'music'},
        {name:'Bob',age:16,hobby:'basketball'}
        ]
    }
})

//wxml
<viewwx:for="{{student}}">
    <text>{{index}}--{{item.name}}--{{item.age}}--{{item.hobby}}</text>
</view>
```

小程序w...

0 --Tom-- 15-- game
1 --Helen-- 14-- music
2 --Bob-- 16-- basketball

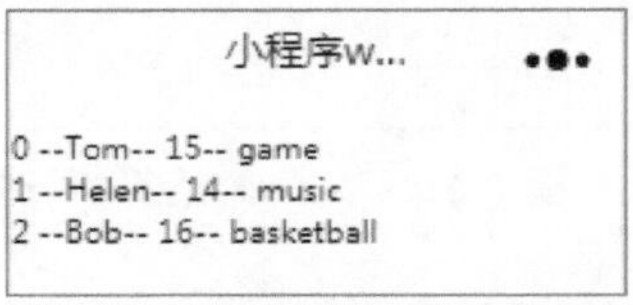

图 2-20　列表渲染运行效果 wx:for

保存并编译，运行效果如图 2-20 所示。

微信开发工具中提供了使用 wx:for-index 来重新指定数据当前项下标的变量名，使用 wx:for-item 来重新指定当前项的变量名，上面 wxml 代码可修改为以下形式，效果相同。

```
    //wxml
<view wx:for="{{student}}"wx:for-index="id"wx:for-item="stu">
    <text>{{id}}--{{stu.name}}--{{stu.age}}--{{stu.hobby}}</text>
</view>
```

（2）block wx:for

与 block wx:if 类似，在 wxml 中也可以使用<block>包装多个组件进行列表渲染。例如，上面的代码可以修改为以下形式：

```
<block wx:for="{{student}}">
   <view>
      <text>{{index}}</text>
      <text>{{item.name}}</text>
      <text>{{item.age}}</text>
      <text>{{item.hobby}}</text>
   </view>
</block>
```

4．使用模板

在小程序中，如果某几个组件的组合要经常使用（如登录选项），通常可以把这几个组件结合定义为一个模板，然后在需要的文件中直接使用这个模板即可。

（1）定义模板

模板代码也是由 wxml 组成的，因此其也在 wxml 文件中定义，其定义模板的格式为：

```
<template name="模板名">
```

相关组件代码

```
</template>
```

其中<template>为模板标签，name 属性定义模板名称。

（2）使用模板

模板定义好之后，就可以进行调用了。调用模板的格式为：

```
<template  is="模板名称"data=="{{传入的数据}}"/>
```

其中<template>为模板标签，is 属性用于指定要调用的模板名称，data 属性用于定义要传入的数据，如果模板中不需要传入数据，data 属性可省略。

我们可以把上面的示例用模板来实现，代码如下：

```
//wxml
<template name="stu">//定义模板
    <block wx:for="{{student}}">
      <view>
          <text>{{index}}</text>
          <text>{{item.name}}</text>
          <text>{{item.age}}</text>
          <text>{{item.hobby}}</text>
      </view>
    </block>
</template>
<template is="stu"data="{{student}}"/>//使用模板
```

5．引用页面文件

WXML 文件中不仅可以引用模板文件，也可以引用普通的页面文件。WXML 提供了两种方式来引用其他页面文件。

（1）import 方式

如果要引用的文件中定义了模板代码，需要用 import 文件引用。例如，在 a.wxml 文件中定义了一个 item 模板，代码如下：

```
//a.wxml
<template name="item">
<text>{{item.name}}</text>
<text>{{item.age}}</text>
</template>
```

在 b.wxml 文件中如果要使用 item 模板，首先需要使用 import 方式引用 a.wxml 文件，然后在 template 中使用 item 模板，代码如下：

```
//b.wxml
<import src="a.wxml"/>
<template is="item" data="{{student}}"/>
```

（2）include 方式

include 方式可以将源文件中除模板之外的其他代码全部引入，相当于将源文件中的代码拷贝到 include 所在位置。例如，在 aa.wxml 文件中定义如下代码：

```
//aa.wxml
<text>{{item.name}}</text>
<text>{{item.age}}</text>
```

在 bb.wxml 文件中定义如下代码：

```
//bb.wxml
<include src="aa.wxml"/>
<text>{{item.hobby}}</text>
```

bb.wxml 文件通过 include 方式把 aa.wxml 文件代码加载，其结果为如下结构：

```
<text>{{item.name}}</text>
<text>{{item.age}}</text>
<text>{{item.hobby}}</text>
```

2.7 页面事件

什么是事件呢？简单来说，在小程序中事件是用户的一种行为或通信方式。在页面文件中，通过定义事件来完成页面与用户之间的交互，同时通过事件实现视图层与逻辑层进行通信。我们可以将事件绑定到组件上，当达到触发条件，事件就会执行逻辑层中对应的事件处理函数。

要实现这种机制，需要做两件事情：定义事件函数和调用事件。

第一，定义事件函数，在.js 文件中定义事件函数实现相关功能。当事件响应后就会执行事件处理代码。

第二，调用事件也称为注册事件，注册事件也就是告诉小程序，我们要监听哪个组件的什么样的事件，通常在页面文件中的组件上注册事件。事件的注册同组件属性，以 key=value 形式出现，key（属性名）以 bind 或 catch 开头，再加上事件类型，如 bindtap、catchlongtap。其中 bind 开头的事件绑定不会阻止冒泡事件向上冒泡，catch 开头的事件绑定可以阻止冒泡事件向上冒泡。value（属性值）是在 js 中定义的处理该事件的事件处理函数名称，如 click。

例如，下列示例代码，定义了 click 函数，将事件信息输出到控制台：

```
//.wxml
<view  bindtap="click">点击我</view>
//.js
Page({
click:function(event){
      console.log(event);
}
```

在小程序中，事件分为冒泡事件和非冒泡事件两大类型。

- 冒泡事件：冒泡事件是指某个组件上的事件被触发后，事件还会向父级元素传递；父级元素还会向父级的父级传递，一直到页面的顶级元素。
- 非冒泡事件：非冒泡事件是指某个组件上事件被触发后，该事件不会向父节点传递。

在 WXML 中的冒泡事件有以下 6 个，如表 2-9 所示。

表 2-9　冒泡事件

冒泡事件名	触发条件
touchstart	手指触摸开始
touchmove	手指触摸移动
touchcancel	手指触摸被打断，如来电提醒、弹窗
touchend	手指触摸动作结束
tap	手指触摸后离开
longtap	手指触摸后，超过 350ms 后离开

除上表所列出的事件之外，其他组件自定义事件都是非冒泡事件，如<form/>中的 submit 事件，<input/>的 input 事件。

2.8 页面样式文件 WXSS

WXSS（WeiXin Style Sheets）是基于 CSS 拓展的样式语言，用于描述 WXML 的组成样式，决定 WXML 的组件如何显示，WXSS 具有 CSS 大部分的特性，小程序对 WXSS 做了一些扩充和修改。

1. 尺寸单位

CSS 中原有尺寸单位在不同尺寸屏幕中不能很好地呈现，WXSS 在此基础上增加了 rpx 尺寸单位，在系统渲染过程中 rpx 会按比例转化为 px。WXSS 规定屏幕宽度为 750rpx，在 iPhone6 中，屏幕宽度为 375px，即 750rpx=375px，那么在 iPone6 中 1rpx=0.5px。

2. 样式导入

为了便于对 WXSS 文件的管理，我们可以将样式存放于不同的文件中，如果在某个文件中需要引用另一个样式文件，使用@import 语句导入即可。如：

```
//a.wxss
.cont{border:1px solid #f00;}
//b.wxss
@import "a.wxss;"
.cont{padding:5rpx;margin:5px;}
```

以上代码与下列代码效果相同：

```
//b.wxss
.cont{border:1px solid #f00;
     Padding:5px;margin:5px;}
```

3. 选择器

WXSS 目前仅支持 CSS 中常用的选择器有.class、#id、element、:: before、:: aftert 等。

4. WXSS 常用属性

WXSS 常用属性如表 2-10 所示。

表 2-10 WXSS 常用属性

属性名称		属性含义	属性值
字体	font-family	字体	所有的字体
	font-style	字体样式	normal、italic、oblique
	font-variant	是否用小体大写	normal、small-caps
	font-weight	字体的粗细	normal、bold、bolder、lighter 等
	font-size	字体的大小	px、larger、smaller 等

（续表）

属性名称		属性含义	属性值
颜色	color	定义前景色	#rgb、#rrggbb、rgb（255，255，255）
	background-color	定义背景色	#rgb、#rrggbb、rgb（255，255，255）
	background-image	定义背景图案	url（imageurl）
	background-repeat	重复方式	repeat、repeat-x、repeat-y、no-repeat
	background-attachment	设置滚动	scroll、fixed
	background-position	初始位置	top、button、left、right、center、x、y
文本	word-spacing	单词间距	normal、px
	letter-spacing	字母间距	normal、px
	text-decoration	文字装饰	none|underline|overline|link|line-through
	vertical-align	垂直对齐	top|middle|buttom
	text-align	水平对齐	left|center|right
	line-height	行高	normal、px
	white-space	空白处理	warp、nowarp
外边距	margin-top	顶端边距	length、percentage、auto
	margin-right	右侧边距	同上
	margin-bottom	底端边距	同上
	margin-left	左侧边距	同上
内边距	padding-top	顶端填充距	length、percentage
	padding-right	右侧填充距	同上
	Padding-bottom	底端填充距	同上
	Padding-left	左侧填充距	同上
边框	border-top-width	顶端边框宽度	length、thin、medium、thick
	border-right-width	右侧边框宽度	length、thin、medium、thick
	border-bottom-width	底端边框宽度	length、thin、medium、thick
	border-left-width	左侧边框宽度	length、thin、medium、thick
	border-width	一次定义宽度	length、thin、medium、thick
	border-color	边框颜色	color
	border-style	边框样式	none、solid、dotted、ash
	border-top	一次定义顶端	同上
	border-right	一次定义右侧	同上
	border-left	一次定义左侧	同上
	width	宽度	length、percentage、auto
	height	高度	length、auto
浮动与定位	float	浮动	left、right、none
	clear	清除浮动	left、right、none、both
	display	显示	block、inline、inline-block、none
	position	定位	static、relative、absolute、fixed

本章小结

本章首先讲解小程序目录结构，然后通过目录结构了解小程序框架，最后主要讲解文件类型及其配置。这些知识都是开发小程序的基础知识，必须深刻理解和熟练掌握，通过多动手写代码进行练习，加深印象，为后续学习打下扎实基础。本章知识体系如图 2-21 所示。

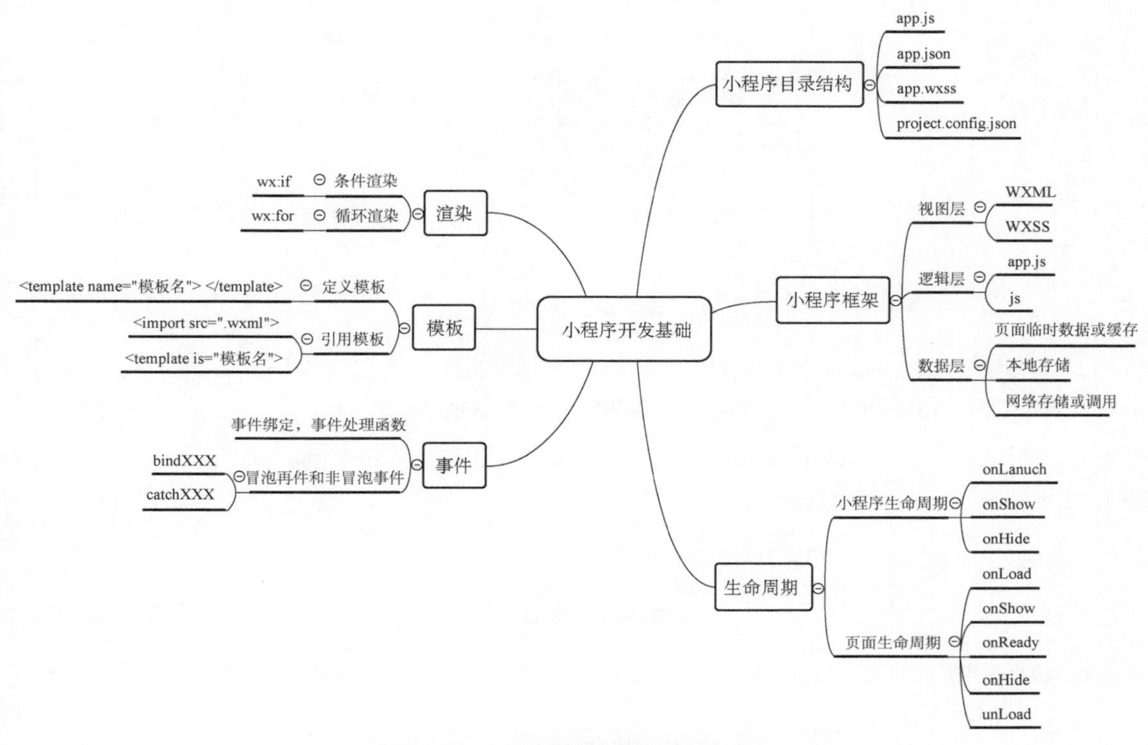

图 2-21　小程序开发基础知识体系

思考练习题

一、选择题

1. 下列选项中不是小程序主文件的是（　　）。

   A. app.js　　B. app.json　　C. app.wxml　　D. app.wxss

2. 下列选项中不是小程序生命周期的函数是（　　）。

   A. onLaunch　　B. onShow　　C. onHide　　D. onReady

3. 小程序中用来引用模板文件的函数是（　　）。

   A. import　　B. include　　C. request　　D. link

4. 页面生命周期函数执行顺序是（　　）。

   A. onLoad、onReady、onShow、onHide

   B. onLoad、onShow、onReady、onHide

   C. onReady、onLoad、onShow、onHide

D. onLoad、onReady、onHide、onShow

5. 在 CSS 度量单位中，下列（　　）是相对长度的单位。

A. px　　B. rpx　　C. cm　　D. in

二、编程题

1. 利用 wx:if 及 wx:for 渲染实现乘法口诀的编程，如图 2-22 所示。

图 2-22　乘法口诀

2. 编写程序，在 Console 控制台输出 100～999 中的水仙花数。

3. 编写程序，在页面中输出 100～999 中的水仙花数，如图 2-23 所示。

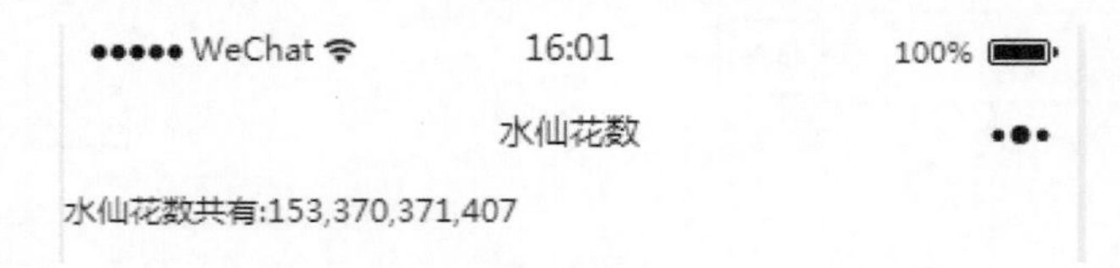

图 2-23　水仙花数

4. 编写程序，在页面中输出三角形图案，如图 2-24 所示。

图 2-24　三角形图案

第 3 章　页面布局

学习目标：

- 了解盒子模型的基本原理
- 掌握浮动与定位
- 熟练掌握 Flex 布局方式

3.1　盒子模型

在页面设计中，为了控制各个模块在页面中的位置，只要掌握了盒子模型以及盒子模型的各个属性和应用方法，就能轻松地控制页面中的各个元素。

所谓盒子模型，就是我们在页面设计中经常用到的一种思维模型，它和我们生活中看到的盒子相当，也就是一个用来盛装内容的容器。在 CSS 中，一个独立的盒子模型由内容（content）、内边距（padding）、边框（border）和外边距（margin）4 个部分组成，如图 3-1 所示。

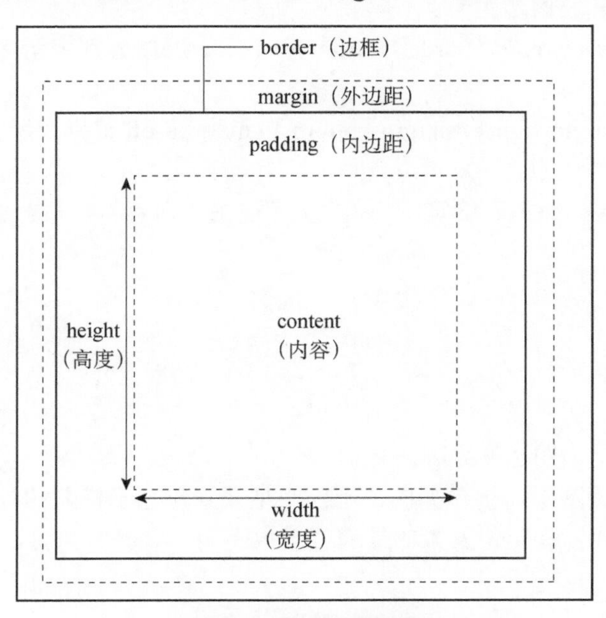

图 3-1　盒子模型结构

此外，对 padding、border 和 margin 可以进一步细化为上下左右 4 个部分，在 CSS 中可以分别进行设置，如图 3-2 所示。

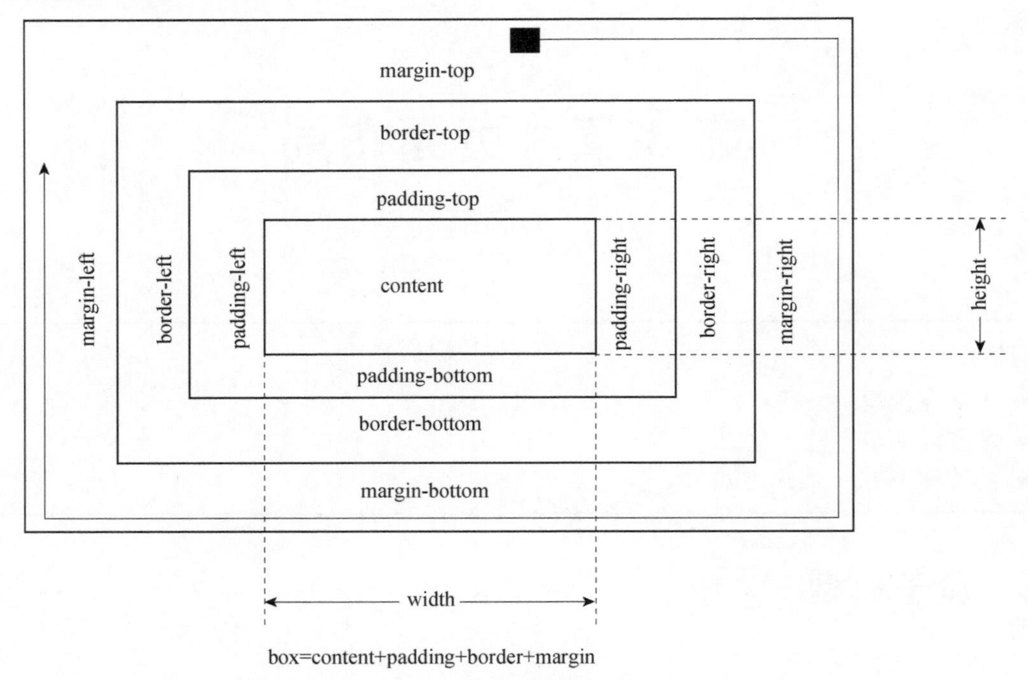

图 3-2　盒子模型元素

图中各属性的含义如下：

- width 和 height 表示内容的宽度和高度。
- padding-top、padding-right、padding-bottom 和 padding-left 分别表示上内边距、右内边距、底内边距和左内边距。
- border-top、border-right、border-bottom 和 border-left 分别表示上边框、右边框、底边框和左边框。
- margin-top、margin-right、margin-bottom 和 margin-left 分别表示上外边距、右外边距、底外边距和左外边距。

因此，一个盒子实际所占有的宽度（高度）应该由“内容”+“内边距”+“边框”+“外边距”组成。例如：

```
.box{
   width:70px;
   padding:5px;
   margin:10px;
}
```

此盒子所占的宽度如图 3-3 所示。

CSS 中的布局都是基于盒子模型的，不同类型元素对盒子模型的处理不同，比如块级元素和行内元素、浮动元素和定位元素的处理方式也不同。

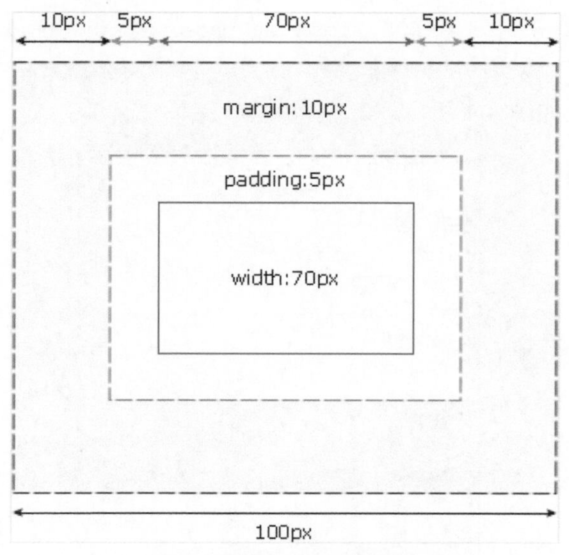

图 3-3 盒子所占的宽度

3.2 块级元素与行内元素

元素按显示方式分为块级元素、行内元素及行内块元素，它们的显示方式由 display 属性控制。

3.2.1 块级元素

块级元素默认占一行高度，一般一行内只有一个块级元素（浮动后除外），添加新的块级元素时，会自动换行，块级元素一般作为容器出现。块级元素的特点如下：

- 一个块级元素占一行。
- 块级元素的高度默认由内容决定，除非自定义高度。
- 块级元素的宽度默认是父级元素的内容区宽度，除非自定义宽度。
- 块级元素的宽度、高度、外边距及内边距都可自定义。
- 块级元素可容纳块级元素和行内元素。

<view/>组件默认为块级元素，使用<view/>组件演示盒子模型及块级元素的例子如下：

```
<!--每个块级元素占一行-->
<view style="border:1px solid #f00">块级元素 1</view>
<view style="border:1px solid #00f;width:200px;height:80px">块级元素 3</view>
<view style="border:1px solid #0f0;margin:15px;padding:20px">块级元素 2</view>
<!--块级元素的宽度、高度自定义设置-->
<!--块级元素的高度随内容决定,内容为块级元素-->
<view style="border:1px solid #ccc;">
   <view style="height:60px">块级元素 4</view>
</view>
<!--块级元素的高度随内容决定,内容为文本元素,块级元素的宽度为 100px-->
```

```
<view style="borde:1px solid #f00;width:100px;background-color:#ccc">父级元素高度
随内容决定,内容为文本</view>
```

块级元素显示效果如图 3-4 所示。

图 3-4　块级元素显示效果

3.2.2　行内元素

行内元素，不必从新的一行开始，它通常会和它前后的其他行内元素显示在同一行中，它们不占有独立的区域，仅仅靠自身内容支撑结构，一般不可以设置大小，常用于控制页面中文本的样式。通过设置 display 属性为 inline 将一个元素设置为行内元素。行内元素的特点如下：

- 行内元素不能设置高度和宽度，高度和宽度由内容决定。
- 行内元素内不能放置块级元素，只能容纳文本或其他行内元素。
- 同一块内，行内元素和其他行内元素在一行显示。

<text/>组件默认为行内元素，使用<view/>及<text/>组件演示盒子模型及行内元素的例子如下：

```
<view style="padding:20px">
      <text style="border:1px solid #f00">文本 1</text>
      <text style="border:1px solid #0f0;margin:10px; padding:5px">文本 2</text>
      <view style="border:1px solid #00f;display:inline">块级元素设置为行内元素
</view>一行显示不下,自动换行显示
</view>
```

行内元素显示效果如图 3-5 所示。

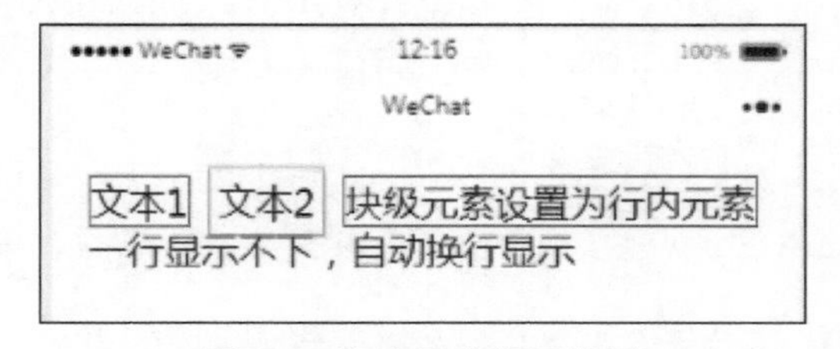

图 3-5　行内元素显示效果

3.2.3　行内块元素

当元素的 display 属性设置为 inline-block 时，元素被设置为一个行内块元素，行内块元素可设置高、宽、内外边距。示例代码如下：

```
    <view>
    元素的显示方式<view style="display:inline-block;border:1pxsolid #f00;margin:
10px;padding:10px;width:200px;">块级元素、行内元素和行内块元素</view>三种类型。
</view>
```

行内块元素运行效果如图 3-6 所示。

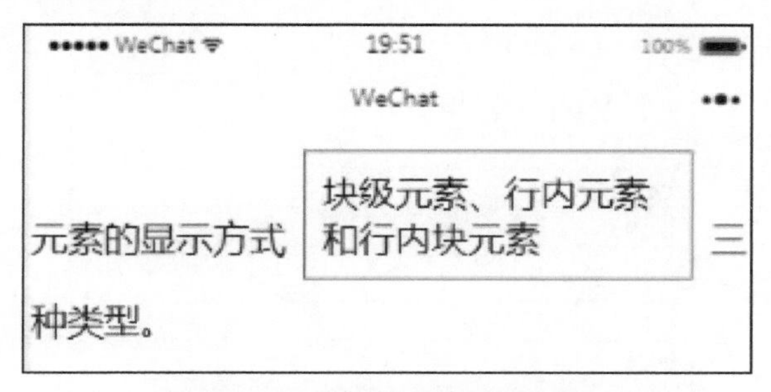

图 3-6　行内块元素运行效果

3.3　浮动与定位

3.3.1　元素浮动

元素浮动就是指设置了浮动属性的元素会脱离标准文档流的控制，移到其父元素中指定位置的过程。在 CSS 中，通过 float 属性来定义浮动，其基本格式如下：

```
{float:none|left|right;}
```

其中，none 表示元素不浮动，默认值；left 表示元素向左浮动；right 表示元素向右浮动。

下面分别对 box1，box2，box3 元素左浮动，代码如下：

```
<view>box1，box2，box3 没浮动</view>
<view style="border: 1px solid #f00; padding: 5px">
   <view style="border: 1px solid #0f0">box1</view>
   <view style="border: 1px solid #0f0">box2</view>
   <view style="border: 1px solid #0f0">box3</view>
</view>
<view>box1 左浮动</view>
<view style="border: 1px solid #f00; padding: 5px">
   <view style="float: left; border: 1px solid #0f0">box1</view>
   <view style="border: 1px solid #0f0">box2</view>
   <view style="border: 1px solid #0f0">box3</view>
</view>
<view>box1 box2 左浮动</view>
   <view style="border: 1px solid #f00; padding: 5px">
```

```
    <view style="float: left; border: 1px solid #0f0">box1</view>
    <view style="float:left;border:1px solid #0f0">box2</view>
    <view style="border:1px solid #0f0">box3</view>
</view>
<view>box1 box2 box3 左浮动</view>
    <view style="border:1pxsolid#f00;padding:5px">
    <view style="float:left;border:1px solid #0f0">box1</view>
    <view style="float:left;border:1px solid #0f0">box2</view>
    <view style="float:left;border:1px solid #0f0">box3</view>
</view>
```

元素浮动运行效果如图 3-7 所示。

图 3-7　元素浮动运行效果

通过案例我们发现，当 box3 左浮动后，父元素的边框不能包裹 box3 元素，这时我们可以通过清除浮动来解决，代码如下：

```
<view>box1 box2 左浮动 box3 清除左浮动</view>
<view style="border:1pxsolid#f00;padding:5px">
<view style="float:left;border:1px solid #0f0">box1</view>
<view style="float:left;border:1px solid #0f0">box2</view>
<view style="clear:left;border:1px solid #0f0">box3</view>
</view>
```

清除浮动运行效果如图 3-8 所示。

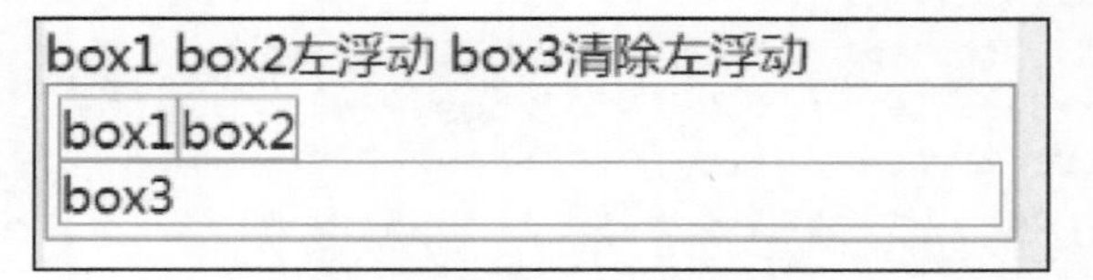

图 3-8　清除浮动运行效果

另一种方式是在父元素外添加一空元素，实现父元素包裹浮动元素，代码如下：

```
//wxml
<view>box1 box2 box3 左浮动在父元素后添加一空元素</view>
<view style="border:1pxsolid#f00;padding:5px"class="clearfloat">
<view style="float:left;border:1px solid #0f0">box1</view>
```

```
<view style="float:left;border:1px solid #0f0">box2</view>
<view style="float:left;border:1px solid #0f0">box3</view>
</view>
//wxss
.clearfloat::after{display:block;clear:both;height:0;content:""}
```

添加一空元素运行效果如图 3-9 所示。

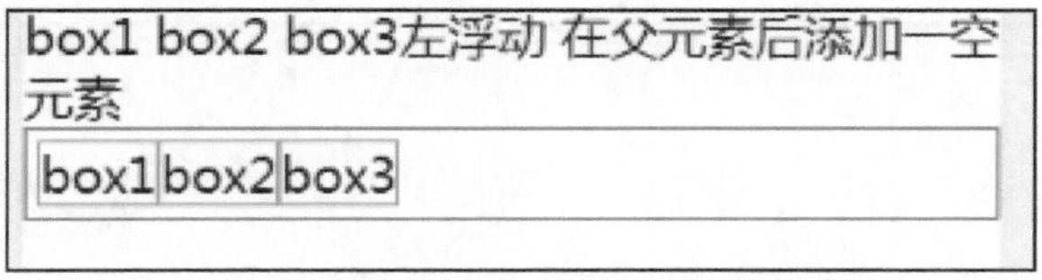

box1 box2 box3左浮动 在父元素后添加一空元素
box1box2box3

图 3-9　添加一空元素运行效果

3.3.2　元素定位

浮动布局虽然灵活，但却无法对元素的位置进行精确的控制。在 CSS 中，通过 position 属性可以实现对页面元素的精确定位。其基本格式如下：

```
{position:static|relative|absolute|fixed}
```

各参数含义介绍如下。

static：默认值，该元素按照标准流进行布局。

relative：相对定位，相对于它在原文档流的位置进行定位，它后面的盒子仍以标准流方式对待它。

absolute：绝对定位，相对于其上一个已经定位的父元素进行定位，绝对定位的盒子从标准流中脱离，它对其后的兄弟盒子的定位没有影响。

fixed：固定定位，相对于浏览器窗口进行定位。

下列示例中分别对 box1，box2，box3 元素定位，代码如下：

```
<!--三个元素匀未定位 static-->
<view style="border:1px solid #0f0;width:100px;height:100px">box1</view>
<view style="border:1px solid #0f0;width:100px;height:100px">box2</view>
<view style="border:1px solid #0f0;width:100px;height:100px">box3</view>
```

效果如图 3-10（a）所示（静态定位）。

```
<!--box2 元素相对定位 relative top:30px left:30px-->
<view style="border:1px solid #0f0;width:100px;height:100px">box1</view>
<view style="border:1px solid #0f0;width:100px;height:100px;position:relative;
left:30px;top:30px">box2</view>
<view style="border:1px solid #0f0;width:100px;height:100px">box3</view>
```

效果如图 3-10（b）所示（相对定位）。

```
<!--box2 元素绝对定位 absolute top:30px left:30px-->
<view style="border:1px solid #0f0;width:100px;height:100px">box1</view>
<view style="border:1px solid #0f0;width:100px;height:100px;position:absolute;
left:30px;top:30px">box2</view>
<view style="border:1px solid #0f0;width:100px;height:100px">box3</view>
```

效果如图 3-10（c）所示（绝对定位）。

```
<!--box2 元素固定定位 fixed top:30px left:30px-->
<view style="border:1px solid #0f0;width:100px;height:100px">box1</view>
<view  style="border:1px  solid  #0f0;width:100px;height:100px;position:fixed;
left:30px;top:30px">box2</view>
<view style="border:1px solid #0f0;width:100px;height:100px">box3</view>
```

元素定位运行效果如图 3-10（d）所示（固定定位）。

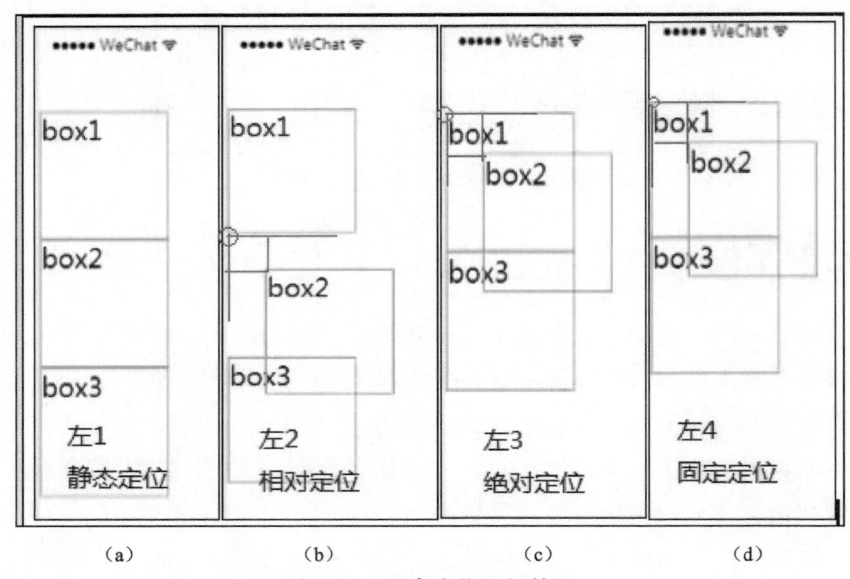

图 3-10　元素定位运行效果

通过案例我们发现，图 3-10（c）（绝对定位）和图 3-10（d）（固定定位）效果相同。这是因为它们的父元素是 page，没有定位。如果我们把它们的父元素设置为相对定位，其运行效果如图 3-11 所示。

box1，box2，box3 的父元素采用相对定位，box2 采用绝对定位，代码如下：

```
<view style="position:relative;top:50px;left:50px;border:1pxsolid#00f">
   <view style="border:1px solid #0f0;width:100px;height:100px">box1</view>
   <view style="border:1px solid #0f0;width:100px;height:100px;position:
absolute;left:30px;top:30px">box2</view>
   <view style="border:1px solid #0f0;width:100px;height:100px">box3</view>
</view>
```

其运行效果如图 3-11（a）所示。

box1，box2，box3 的父元素采用相对定位，box2 固定定位，代码如下：

```
<view style="position:relative;top:50px;left:50px;border:1pxsolid#00f">
   <view style="border:1px solid #0f0;width:100px;height:100px">box1</view>
   <view style="border:1px solid #0f0;width:100px;height:100px;position:fixed;
left:30px;top:30px">box2</view>
<view style="border:1px solid #0f0;width:100px;height:100px">box3</view>
</view>
```

其运行效果如图 3-11（b）所示。

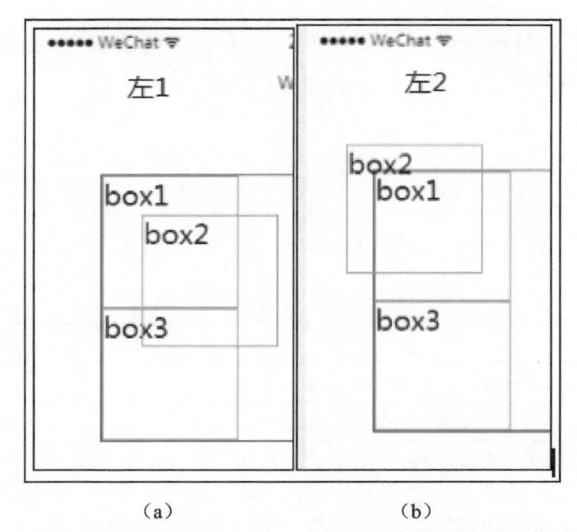

（a）　　（b）

图 3-11　父元素相对定位，box2 绝对定位、固定定位

3.4 Flex 布局

Flex 布局是 W3C 组织在 2009 年提出的一种新布局方案，该布局可以简单快速地完成各种伸缩性的设计，很好地支持响应式布局。Flex 是 Flexible Box 的缩写，意为弹性盒子模型，可以简便、完整、响应式地实现各种页面布局。

Flex 布局主要由容器和项目组成。采用 Flex 布局的元素，称为 Flex 容器（flex contianer），它的所有直接子元素自动成为容器的成员，称为 Flex 项目（flex item）。

容器默认存在两根轴：水平的主轴（mainaxis）和垂直的交叉轴（crossaxis）。主轴的开始位置（与边框的交叉点）叫做 main start，结束位置叫做 main end；交叉轴的开始位置叫做 cross start，结束位置叫做 cross end。

项目默认沿主轴排列。单个项目占据的主轴空间叫做 main size，占据的交叉轴空间叫做 cross size，如图 3-12 所示。

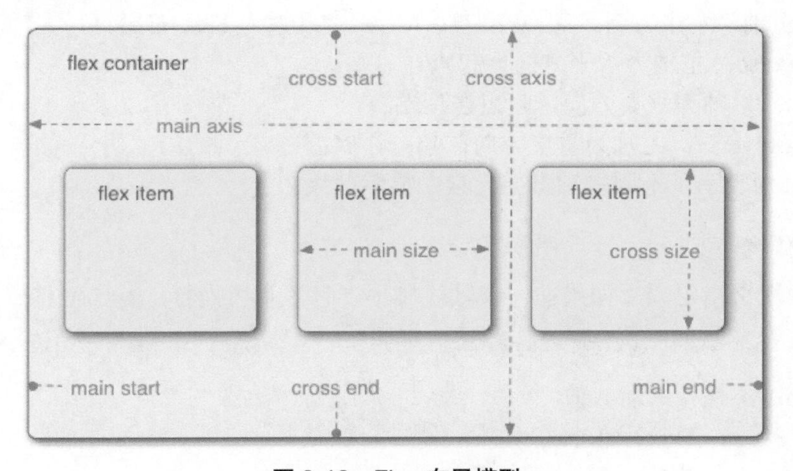

图 3-12　Flex 布局模型

通过设置 display 属性将一个元素指定为 Flex 布局，通过设置 flex-direction 属性来指定主轴方向，主轴既可以是水平方向，也可以是垂直方向。

3.4.1 容器属性

Flex 容器支持的属性有 7 种，如表 3-1 所示。

表 3-1 Flex 容器支持的属性

属性名	功能
display	指定元素是否为 Flex 布局
flex-direction	指定主轴方向，决定项目的排列方向
flex-wrap	定义项目如何换行（超过一行时）
flex-flow	flex-direction 和 flex-wrap 的简写形式
justify-content	定义项目主轴上的对齐方式
align-items	定义项目在交叉轴的对齐方式
align-content	定义多根轴线的对齐方式

1. display

display 用来指定元素是否为 Flex 布局，语法格式为：

```
.box{display:flex|inline-flex;}
```

- flex：块级 Flex 布局，该元素变为弹性盒子。
- inline-flex：行内 Flex 布局，行内容器符合行内元素的特征，同时在容器内又符合 Flex 布局规范。

设置了 Flex 布局之后，子元素的 float、clear 和 vertical-align 属性将失效。

2. flex-direction

flex-direction 用于设置主轴的方向，即项目排列的方向，语法格式为：

```
.box{flex-direction:row|row-reverse|column|column-reverse;}
```

- row：主轴为水平方向，起点在左端，当元素设置为 Flex 布局时，主轴默认为 row。
- row-reverse：主轴为水平方向，起点在右端。
- column：主轴为垂直方向，起点在顶端。
- column-reverse：主轴为垂直方向，起点在底端。

图 3-13 分别表示了不同主轴方向元素的显示效果。

3. flex-wrap

flex-wrap 用来指定项目如果在一条轴线排不下时，是否换行，其语法格式如下：

```
.box{flex-wrap:nowrap|wrap|wrap-reverse;}
```

- nowrap：不换行，默认值。
- wrap：换行，第一行在上方。
- wrap-reverse：换行，第一行在下方。

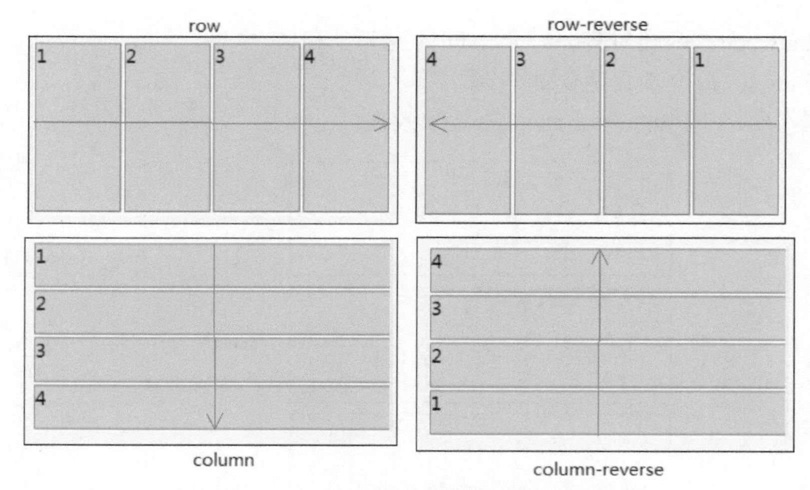

图 3-13　不同主轴方向元素的显示效果

当设置换行时，还需要设置 align-item 属性配合自动换行，但 align-item 的值不能为“stretch”。

图 3-14 表示了不同 flex-wrap 的显示效果。

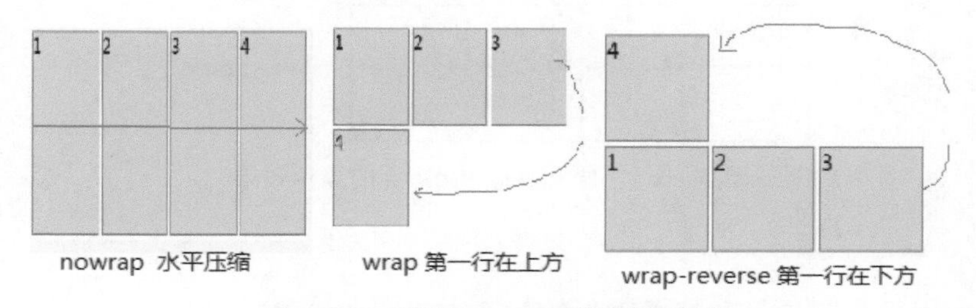

图 3-14　不同 flex-wrap 的显示效果

4．flex-flow

flex-flow 是 flex-direction 和 flex-wrap 的简写形式，默认值为 row nowrap。语法格式如下：

```
.box{lflex-flow:<flex-direction>||<flex-wrap>;}
```

示例代码如下：

```
.box{flex-flow:row nowrap;}//水平方向不换行
.box{flex-flow:row-reverse wrap;}//水平逆方向换行
.box{flex-flow:column wrap-reverse;}垂直方向逆方向换行
```

5．justify-content

justify-content 属性用于定义项目在主轴上的对齐方式，语法格式如下：

```
.box{justify-content:flex-start|flex-end|center|space-between|space-around;}
```

justify-content 属性与主轴方向有关，默认主轴从左到右水平对齐。

- flex-start：左对齐，默认值。
- flex-end：右对齐。
- center：居中。

- space-between：两端对齐，项目之间的间隔都相等。
- sace-around：每个项目两侧的间隔相等。

图 3-15 展示了不同 justify-content 的显示效果。

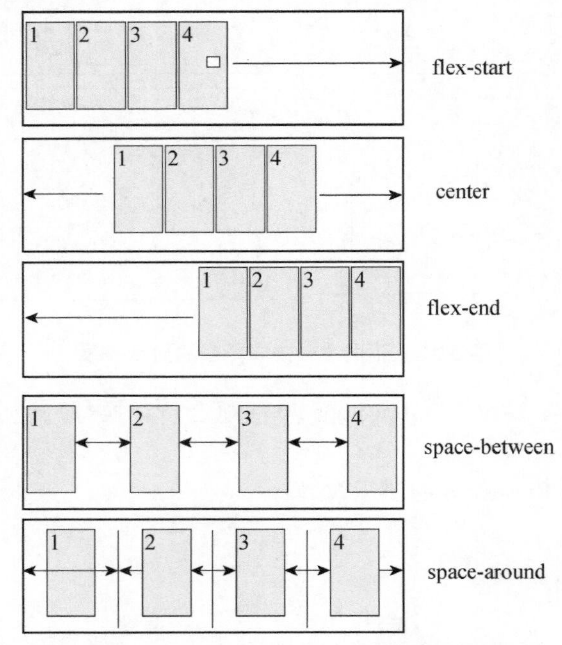

图 3-15　不同 justify-content 的显示效果

6．align-items

align-items 用于指定项目在交叉轴上的对齐方式，语法格式如下：

```
.box{align-tiems:flex-start|flex-end|center|baseline|stretch;}
```

align-tiems 与交叉轴方向有关，默认由上到下的顺序交叉。

- flex-start：交叉轴起点对齐。
- flex-end：交叉轴终点对齐。
- center：交叉轴中线对齐。
- baseline：项目根据它们第一行文字的基线对齐。
- stretch：如果项目未设置高度或设置为 auto，项目将在交叉轴方向拉伸填充容器，默认值。

图 3-16 展示了不同对齐方式的效果，其代码如下：

```
//.wxml
<view class="cont1">
   <view class="item">1</view>
   <view class="itemitem2">2</view>
   <view class="itemitem3">3</view>
   <view class="itemitem4">4</view>
</view>
//wxss
.cont1{ display:
flex;
```

```
flex-direction:row;
align-items:baseline;
}
.item{
background-color:#ccc;
border:1px solid #f00;
height:100px;
width:50px;
margin:2px;
}
.item2{ height:80px;
}
.item3{ display:
flex;
height:50px;
align-items:flex-end;
}
.item4{ height:
120px;
}
```

7．align-content

align-content 用来定义项目有多根轴线（出现换行后）时在交叉轴上的对齐方式，如果只有一根轴线，该属性不起作用。其语法格式如下：

```
.box{align-content:flex-start|flex-end|end|basline|stretch;}
```

各属性值的含义等同 align-items 属性，图 3-17 展示了不同 align-content 的显示效果。

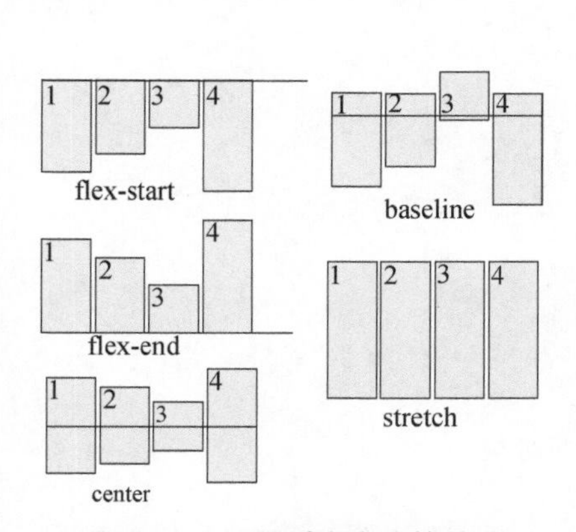

图 3-16　不同对齐方式的效果

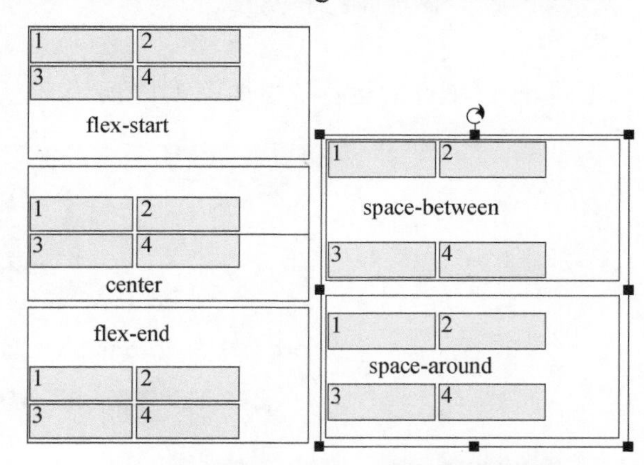

图 3-17　不同 align-content 的显示效果

3.4.2　项目属性

容器内的项目支持 6 个属性，如表 3-2 所示。

表 3-2　项目属性及描述

属性名	功能
order	定义项目的排列顺序
flex-grow	定义项目的放大比例（当有多余空间时）

（续表）

属性名	功能
flex-shrink	定义项目的缩小比例（当空间不足时）
flex-basis	定义在分配多余空间之前，项目占据的主轴空间
flex	flex-grow、flex-shrink、flex-basis 的简写
align-self	用来设置单独的伸缩项目在交叉轴上的对齐方式

1．order

order 属性用于定义项目的排列顺序。其数值越小，排列越靠前，默认为 0。其语法格式如下：

```
.item{order:<number>;}
```

示例代码如下：

```
<view class="cont1">
   <view class="item" >1</view>
   <view class="item ">2</view>
   <view class="item ">3</view>
   <view class="item ">4</view>
</view>
<view class="cont1">
   <view class="item" style="order:1" >1</view>
   <view class="item" style="order:3">2</view>
   <view class="item" style="order:2">3</view>
   <view class="item">4</view>
</view>
```

不同 order 属性的运行效果如图 3-18 所示

图 3-18　不同 order 属性的运行效果

2．flex-grow

flex-grow 用于定义项目的放大比例，默认为 0，即不放大。其语法格式如下：

```
.item{flex-grow:<number>;}
```

示例代码如下：

```
<view class="cont1">
   <view class="item" >1</view>
   <view class="item ">2</view>
   <view class="item ">3</view>
   <view class="item ">4</view>
</view>
<view class="cont1">
```

```
    <view class="item" >1</view>
    <view class="item" style="flex-grow:1">2</view>
    <view class="item" style="flex-grow:2">3</view>
    <view class="item ">4</view>
</view>
```

flex-grow 示例运行效果如图 3-19 所示。示例中把剩余空间分为 3 份（flow-grow:1+flow-grow:2），其中元素 2 占 1 份，元素 3 占 2 份。

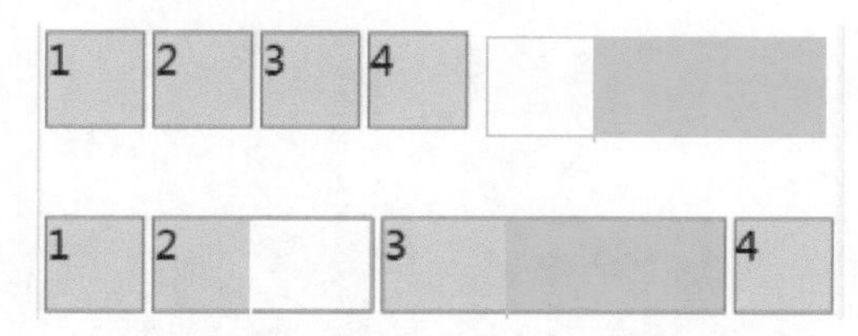

图 3-19　flex-grow 示例运行效果

3．flex-shrink

flex-shrink 用来定义项目的缩小比例，默认为 1，如果空间不足，该项目将缩小，语法格式如下：

```
.item{flex-shrink:<number>;}
```

示例代码如下：

```
<view class="cont1">
    <view class="item" >1</view>
    <view class="item ">2</view>
    <view class="item ">3</view>
    <view class="item ">4</view>
</view>
<view class="cont1">
    <view class="item" >1</view>
    <view class="item" style="flex-shrink:2">2</view>
    <view class="item" style="flex-shrink:1">3</view>
    <view class="item" style="flex-shrink:4">4</view>
</view>
```

flex-shrink 示例运行效果如图 3-20 所示。

假定容器宽度为 800px，4 个元素的宽度分别为 240px，元素宽度比容器多 160px（即 240×4−800）。当 flex-shrink 属性为 1 时，由于空间不足，4 个项目等比例缩小，每个元素变为 200px，如图 3-20 中的上半部分；当 4 个元素的缩小比例为 1、2、1、4 时，它们的宽度分别减小 20px、40px、20px、80px［计算公式为 160×缩小比例/(1+2+1+4)］，则它们的实际宽度变为 220px、200px、220px、160px。

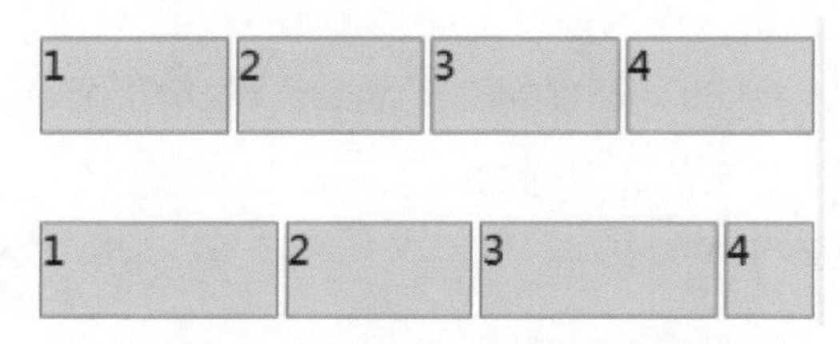

图 3-20　flex-shrink 示例运行效果

4．flex-basis

flex-basis 属性用来定义伸缩项目的基准值，剩余的空间将按比例进行缩放。它的默认值为 auto，即项目的本来大小，语法格式如下：

```
.item{flex-basis:<number>|auto;}
```

示例代码如下：

```
<view class="cont1">
   <view class="item">1</view>
   <view class="item ">2</view>
   <view class="item ">3</view>
   <view class="item ">4</view>
</view>
<view class="cont1">
   <view class="item">1</view>
   <view class="item" style="flex-basis:100px" >2</view>
   <view class="item" style="flex-basis:200px" >3</view>
   <view class="item ">4</view>
</view>
```

flex-basis 示例运行效果如图 3-21 所示。

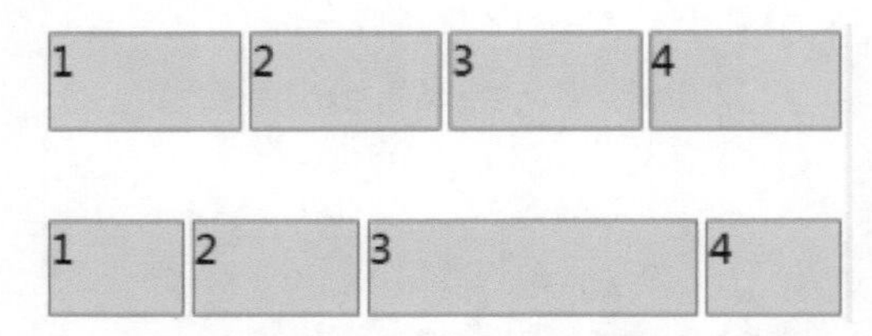

图 3-21　flex-basis 示例运行效果

5．flex

flex 属性是 flex-grow、flex-shrink 和 flex-basis 的简写，其默认值为 0，1，auto。语法格式如下：

```
.item{flex:<flex-grow>|<flex-shrink>|<flex-basis>;}
```

示例代码如下：

```
.item{flex:auto;}//等价于.item{flex:1 1 auto;}
.item{flex:none;}//等价于.item{flex:0 0 auto;}
```

6．align-self

align-self 属性用来指定单独的伸缩项目在交叉轴上的对齐方式。该属性会重写默认的对齐方式，语法格式如下：

```
.item{align-self:auto|flex-start|flex-end|center|baseline|stretch;}
```

该属性值中除了 auto，其余的和容器 align-items 属性值完全一致。

auto 表示继承容器 align-items 属性，如果没有父元素，则等于 stretch，默认值。

本章小结

本章首先讲解页面布局中最基本的盒子模型，其次讲解浮动和定位，最后重点讲解 Flex 布局的基本原理、容器和项目的相关属性。学好这些内容可为小程序项目的布局打下良好的基础。页面布局知识体系如图 3-22 所示。

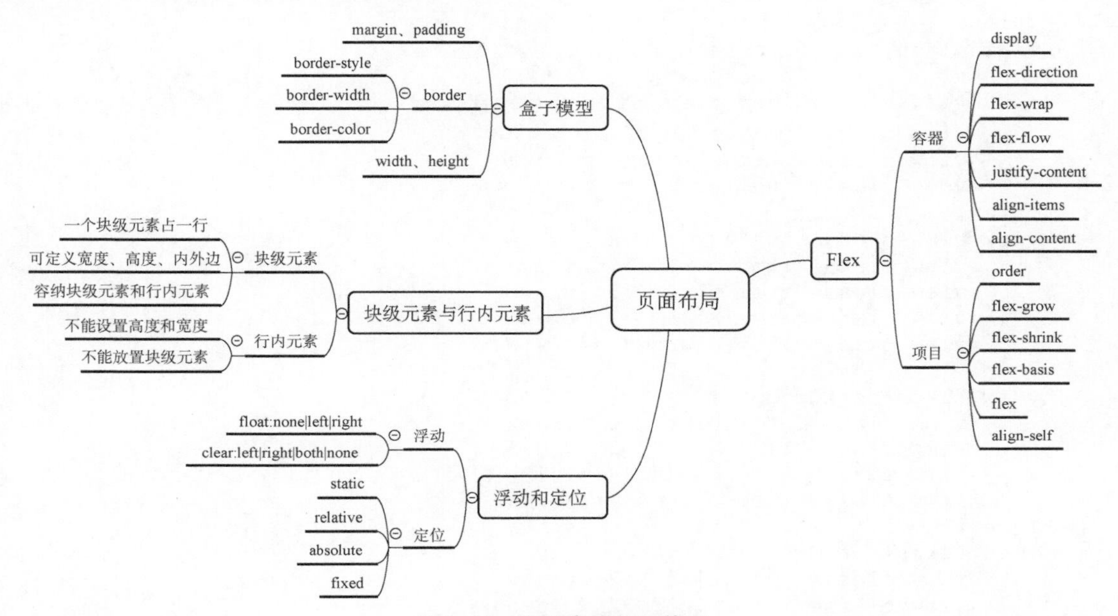

图 3-22 页面布局知识体系

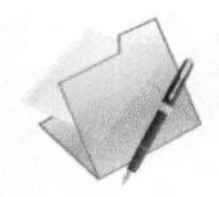

思考练习题

一、选择题

1. 下列选项中，可以改变盒子模型外边距的是（　　）。

A. padding　　B. margin　　C. border　　D. type

2. 下列选项中，可以设置背景图像平铺方式的是（　　）。

A. background-repeat：no-repeat

B. background-attachment：fixed

C. background-attachment：scroll

D. background-repeat：repeat-x

3. 下列不能清除浮动的选项是（　　）。

A. left　　B. right　　C. both　　D. none

4. 在 Flex 布局中，flex-direction 属性有（　　）个选项。

A. 1　　B. 2　　C. 3　　D. 4

5. 在 Flex 布局中，容器内有 4 个项目，容器宽度为 600px，每个项目的宽度为 200px，默认情况下，每个项目的宽度为（　　）。

A. 200px　　B. 150px　　C. 100px　　D. 不确定

二、分析题

分析下列代码，实现图 3-23 所示的页面布局。

```
//cal.wxml
<view class="content">
      <view class="layout-top">
            <view class="screen">168</view>
      </view>
      <view class="layout-bottom">
            <view class="btnGroup">
            <view class="item orange" >C</view>
            <view class="item orange" >←</view>
            <view class="item orange" >#</view>
            <view class="item orange" >+</view>
      </view>
      <view class="btnGroup">
            <view class="item blue" >9</view>
            <view class="item blue" >8</view>
            <view class="item blue" >7</view>
            <view class="item orange" >-</view>
      </view>
      <view class="btnGroup">
            <view class="item blue" >6</view>
            <view class="item blue" >5</view>
            <view class="item blue">4</view>
            <view class="item orange">×</view>
      </view>
      <view class="btnGroup">
            <view class="item blue" >3</view>
            <view class="item blue" >2</view>
            <view class="item blue" >1</view>
            <view class="item orange">÷</view>
      </view>
      <view class="btnGroup">
            <view class="item blue zero" >0</view>
            <view class="item blue" >.</view>
            <view class="item orange" >=</view>
      </view>
    </view>
</view>
//app.wxss
.container {
    height:100%;
    display:flex;
    flex-direction:column;
    align-items:center;
    justify-content:space-between;
    padding:200rpx0;
    box-sizing: border-box;
}
//cal.wxss
.content{
    height:100%;
    display:flex;
    flex-direction:column;
    align-items:center;
    background-color: #ccc;
```

```
    font-family: "Microsoft YaHei";
    overflow-x: hidden;
}
.layout-top{
    width:100%;
    margin-bottom:30rpx;
}
.layout-
    bottom{ width:
    100%;
}
.screen{
    text-align:right;
    width:100%;
    line-height:130rpx;
    padding:0 10rpx;
    font-weight:bold;
    font-size:60px;
    box-sizing:border-box;
    border-top:1px solid #fff;
}
.btnGroup{
    display:flex;
    flex-direction:row;
    flex:1;
    width:100%;
    height:4rem;
    background-color:#fff;
}
.item{
    width:25%;
    display:flex;
    align-items:center;
    flex-direction:column;
    justify-content:center;
    margin-top:1px;
    margin-right:1px;
}
.item:active{
    background-color:#ff0000;
}
.zero{
    width:50%;
}
.orange{
    color:#fef4e9;
    background:#f78d1d;
    font-weight:bold;
}
.blue{
    color:#d9eef7;
    background-color:#0095cd;
}
.iconBtn{
    display:flex;
}
.icon{
    display:flex;
    align-items:center;width:100%;
    justify-content:center;
}
```

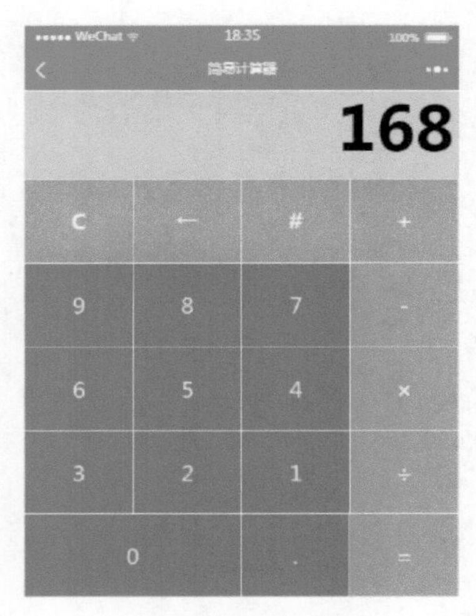

图 3-23　分析题图

三、操作题

分析页面结构，实现如图 3-24 所示的布局效果。

图 3-24　布局效果

第 4 章　页面组件

学习目标：

- 了解小程序组件
- 掌握视图容器组件 view，scroll-view，swiper
- 掌握基础内容组件 icon，text，rich-text，progress
- 掌握表单组件 form，input，button，radio，checkbox，label，picker，picker-view，slider，switch，textarea
- 掌握多媒体组件 audio，image，video，camera
- 掌握其他高级组件 map，canvas

组件是页面视图层（WXML）的基本组成单元，通过组件组合可以构建功能强大的页面结构。小程序框架为开发者提供了视图容器、基础内容、表单、导航、多媒体、地图、画布、开放能力 8 类 30 多个基础组件。

每一个组件都是由一对标签组成的，有开始标签和结束标签，开始标签和结束标签之间放置内容，内容也可以是组件，格式如下：

```
<标签名  属性名="属性值">内容…</标签名>
```

组件通过属性进一步细化，不同的组件可以有不同的属性，但它们也有一些共用属性，如 id，class，style，hidden，data-*，bind*/catch*等。

- id：组件的唯一表示，保持整个页面唯一，不常用。
- class：组件的样式类，对应 WXSS 中定义的样式。
- style：组件的内联样式，可以动态设置内联样式。
- hidden：组件是否显示，所有组件默认显示。
- data-*：自定义属性，组件触发事件时，会发送给事件处理函数。事件处理函数中可通过传入参数对象的 currentTarget.dataset 方式来获取自定义属性的值。
- bind*-/catch*：组件的事件，绑定逻辑层相关事件处理函数。

4.1　容器视图组件

所谓容器视图，就是能容纳其他组件的组件，是构建页面布局的基础组件，主要包括 view、

scroll-view 和 swiper 组件。

4.1.1 view

view 组件是块级组件，没有特殊功能，主要用于布局展示，相当于 HTML 中的 div，是布局中最基本的 UI 组件，通过设置 view 的 CSS 属性可以实现各种复杂的布局。view 组件的特有属性及功能如表 4-1 所示。

表 4-1 view 组件的特有属性及功能

属 性 名	类 型	默 认 值	功 能
hover-class	String	none	指定按下去的样式类，默认没有点击态效果
hover-stop-propagation	Boolean	false	指定是否阻止节点的祖先节点出现点击态
hover-start-time	Number	50	按住后多久出现点击态，单位毫秒
hover-stay-time	Number	400	手指松开后点击态保留时间，单位毫秒

通过<view>组件实现页面布局的示例代码如下：

```
<view style="text-align:center">默认 flex 布局</view>
   <view style="display:flex">
      <view style="border:1px solid #f00;flex-grow:1">1</view>
      <view style="border:1px solid #f00;flex-grow:1">2</view>
      <view style="border:1px solid #f00;flex-grow:1">3</view>
   </view>
<view style="text-align:center">上下混合布局</view>
<view style="display:flex;flex-direction:column">
   <view style="border:1px solid #f00;">1</view>
      <view style="display:flex">
      <view style="border:1px solid #f00;flex-grow:1">2</view>
      <view style="border:1px solid #f00;flex-grow:2">3</view>
   </view>
</view>
<view style="text-align:center">左右混合布局</view>
<view style="display:flex">
   <view style="border:1px solid #f00;flex-grow:1">1</view>
      <view style="display:flex;flex-direction:column;flex-grow:1">
      <view style="border:1px solid #f00;flex-grow:1">2</view>
      <view style="border:1px solid #f00;flex-grow:2">3</view>
   </view>
</view>
```

view 页面布局示例运行效果如图 4-1 所示。

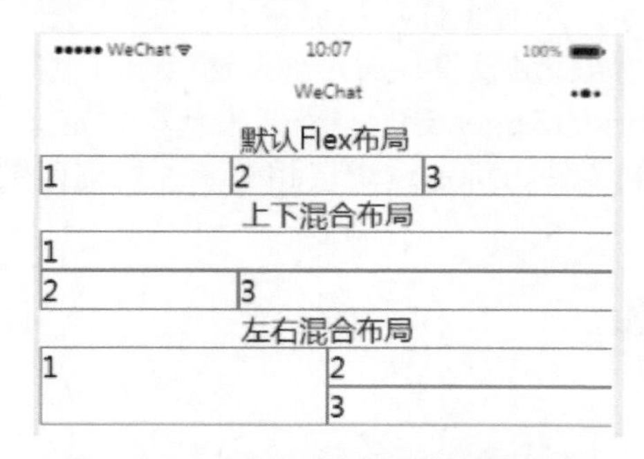

图 4-1 view 页面布局示例运行效果

4.1.2　scroll-view

通过设置 scroll-view 组件的相关属性（如表 4-2 所示）可实现滚动视图的功能。

表 4-2　scroll-view 组件的属性

属 性 名	类　型	默 认 值	说　明
scroll-x	Boolean	false	允许横向滚动
scroll-y	Boolean	false	允许纵向滚动
upper-threshold	Number	50px	距顶部/左边多远时，触发 scrolltoupper 事件
lower-threshold	Number	50px	距底部/右边多远时，触发 scrolltolower 事件
scroll-top	Number		设置竖向滚动条位置
scroll-left	Number		设置横向滚动条位置
scroll-into-view	String	id	元素滚动到滚动区域的顶部
bindscrolltoupper	EventHandle		滚动到顶部/左边，会触发 scrolltoupper 事件
bindscrolltolower	EventHandle		滚动到底部/右边，会触发 scrolltolower 事件
bindscroll	eventHandle		滚动时触发，event.detail={scrollLeft，scrollTop，scrollHeight，scrollWidth，deltaX，deltaY}

使用时要注意以下几点：

① 使用竖向滚动时，需要给<scroll-view/>一个固定高度，通过 WXSS 设置 height。

② 请勿在 scroll-view 中使用 textarea，map，canvas，video 组件。

③ scroll-into-view 的优先级高于 scroll-top。

④ 在滚动 scroll-view 时会阻止页面回弹，所以在 scroll-view 中设置的滚动，是无法触发 onPullDownRefresh 的。

⑤ 若要使用下拉刷新，请使用页面的滚动功能，而不是 scroll-view 组件，这样也能通过点击顶部状态栏回到页面顶部。

通过 scroll-view 组件实现下拉刷新和上拉加载更多功能，代码如下：

```
//scroll-view.wxml
1   <view class="container" style="padding:0rpx">
2   <!--垂直滚动,这里必须设置高度-->
3       <scroll-view scroll-top="{{scrollTop}}"scroll-y="true"
4       style="height:{{scrollHeight}}px;"class="list"
5   bindscrolltolower="bindDownLoad" bindscrolltoupper="topLoad" bindscroll=
"scroll">
6           <view class="item"wx:for="{{list}}">
7               <image class="img"src="{{item.pic_url}}"></image>
8               <view class="text">
9                   <text class="title">{{item.name}}</text>
10                  <text class="description">{{item.short_description}}</text>
11              </view>
12          </view>
13      </scroll-view>
14  <view class="body-view">
15      <loading hidden="{{hidden}}" bindchange="loadingChange">
16      加载中...
17      </loading>
18  </view>
19  </view>
20
```

```
21
22  //scroll-view.js
23  var url="http://www.imooc.com/course/ajaxlist";
24  var page=0;
25  var page_size=5;
26  var sort="last";
27  var is_easy=0;
28  var lange_id=0;
29  var pos_id=0;
30  var unlearn=0;
31
32  //请求数据
33  var loadMore=function(that){
34    that.setData({
35    hidden:false
36    });
37  wx.request({
38  url:url,
39  data:{
40      page:page,
41      page_size:page_size,
42      sort:sort,
43      is_easy:is_easy,
44      lange_id:lange_id,
45      pos_id:pos_id,
46      unlearn:unlearn
47  },
48  success:function(res){
49    //console.info(that.data.list);
50    var list=that.data.list;
51    for(var i=0;i<res.data.list.length;i++){
52    list.push(res.data.list[i]);
53  }
54  that.setData({
55      list:list
56  });
57  page++;
58  that.setData({
59      hidden:true
60  });
61  }
62  });
63  }
64  Page({
65    data:{
66      hidden:true,
67      list:[],
68      scrollTop:0,
69      scrollHeight:0
70    },
71  onLoad:function(){
72  //这里要注意,微信的 scroll-view 组件必须要设置高度才能监听滚动事件,所以,需要在页面的
onLoad
73  事件中给 scroll-view 组件的高度赋值
74  var that=this;
75  wx.getSystemInfo({
76    success:function(res){
77      that.setData({
78          scrollHeight:res.windowHeight
79      });
```

```
80     }
81   });
82   loadMore(that);
83   },
84   //页面滑动到底部
85   bindDownLoad:function(){
86       var that=this;
87       loadMore(that);
88       console.log("lower");
89   },
90   scroll:function(event){
91   //该方法绑定了页面滚动时的事件,这里记录了当前的 position.y 的值,目的是在请求数据之后把
页面定
92   位到这里来。
93       this.setData({
94       scrollTop:event.detail.scrollTop
95       });
96   },
97   topLoad:function(event){
98   //该方法绑定了页面滑动到顶部的事件,然后做上拉刷新
99   page=0;
100 this.setData({
101   list:[],
102   scrollTop:0
103   });
104   loadMore(this);
105   console.log("lower");
106   }
107 })
108 //scroll-view.wxss
109 .userinfo{
110   display:flex;
111   flex-direction:column;
112   align-items:center;
113 }
114
115 .userinfo-avatar{
116   width:128rpx;
117   height:128rpx;
118   margin:20rpx;
119   border-radius:50%;
120 }
121
122 .userinfo-nickname
123      {color:#aaa;
124 }
125
126 .usermotto{
127      margin-top:200px;
128 }
129
130 /**/
131
132 scroll-view{
133      width:100%;
134 }
135
136 .item{
137   width:90%;
138   height:300rpx;
```

```
139   margin:20rpxauto;
140   background:brown;
141   overflow:idden;
142 }
143 .item.img
144   { width:430rpx;
145   margin-right:20rpx;
146   float:left;
147 }
148 .title{
149   font-size:30rpx;
150   display:block;
151   margin:30rpxauto;
152 }
153 .description{
154   font-size:26rpx;
155   line-height:15rpx;
156 }
```

scroll-view 下拉刷新和上拉加载更多运行效果如图 4-2 所示。

图 4-2　scroll-view 下拉刷新和上拉加载更多运行效果

4.1.3　swiper

swiper 组件可以实现轮播图、图片预览、滑动页面等效果，一个完整的 swiper 组件由<swiper/>和<swiper-item/>两个标签组成，它们不能单独使用，<swiper/>中只能放置一个或多个<swiper-item/>，放置其他组件会被删除。<swiper-item/>内部可以放置任何组件，默认宽、高自动设置为 100%。swiper 组件的属性如表 4-3 所示。

表 4-3　swiper 组件的属性

属 性 名	类　型	默 认 值	说　明
indicator-dots	Boolean	false	是否显示面板指示点
autoplay	Boolean	false	是否自动切换
current	Number	0	当前所在页面的 index

（续表）

属 性 名	类 型	默 认 值	说 明
interval	Number	5000	自动切换时间间隔（毫秒）
duration	Number	1000	滑动动画时长（毫秒）
bindchange	EventHandle		current 改变时会触发 change 事件，event.detail={current：current}

<swiper-item/>组件为滑块项组件，仅可放置在<swiper/>组件中，宽、高自动设置为 100%。

通过 swiper 组件实现轮播图，代码如下：

```
//swiper.wxml
  <swiper indicator-dots='true'  autoplay='true'  interval='5000'
duration='1000'>
      <swiper-item><image  src="/image/1.jpg"
  style="width:100%"></image></swiper-item>
      <swiper-item><imagesrc="/image/2.jpg"
style="width:100%"></image></swiper-item>
      <swiper-item><image  src="/image/3.jpg"
style="width:100%"></image></swiper-item>
</swiper>
```

swiper 组件运行效果如图 4-3 所示。

图 4-3　swiper 组件运行效果

4.2　基础内容组件

基础内容组件包括 icon、text 和 progress，主要用于在视图页面中展示图标、文本和进度条等信息。

4.2.1　icon

icon 组件称为图标组件，通常用于表示一种状态，如 success，info，warn，waiting，cancel 等。其属性如表 4-4 所示。

表 4-4　icon 组件的属性

属 性 名	属 性 值	默 认 值	说 明
type	String		icon 类型，有效值：success，success_no_circle，info，warn，waiting，cancel，download，search，clear
size	Number	23	icon 的大小，单位为 px
color	Color		icon 的颜色，同 CSS 中的 color

示例代码如下：

```
    //icon.wxml
<view>icon 类型:
    <block wx:for="{{iconType}}">
       <icon type="{{item}}"/>{{item}}
</block>
</view>
<view>icon 大小:
    <block wx:for="{{iconSize}}">
       <icon type="success" size="{{item}}"/>{{item}}
    </block>
</view>
<view>icon 颜色:
    <block wx:for="{{iconColor}}">
       <icon type="success" size="30" color="{{item}}"/>{{item}}
    </block>
</view>
//icon.js
//pages/icon/icon.js
Page({
  data:{
  iconType:[ "success","success_no_circle","info","warn","waiting","cancel",
"download","search","clear"],
  iconSize:[10,20,30,40],
  iconColor:['#f00','#0f0','#00f']
}
})
```

icon 示例运行效果如图 4-4 所示。

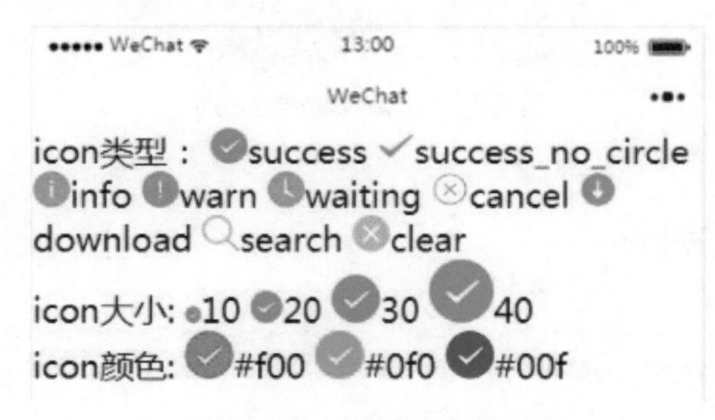

图 4-4 icon 示例运行效果

4.2.2 text

text 组件用于展示内容，类似于 HTML 中的<span>。text 组件中的内容可以长按选中，支持转义字符“\”，属于行内元素。其属性如表 4-5 所示。

表 4-5 text 组件的属性

属 性 名	类 型	默 认 值	说 明
selectable	Boolean	false	文本是否可选
space	Boolean	false	显示连续空格
decode	Boolean	false	是否解码

示例代码如下：

```
//text.wxml
<block  wx:for="{{x}}"  wx:for-item="x">
    <view  class="aa">
        <block  wx:for="{{25-x}}"  wx:for-item="x">
            <text  decode="{{true}}"  space="{{true}}"> </text>
        </block>
        <block  wx:for="{{y}}"  wx:for-item="y">
            <block  wx:if="{{y<=2*x-1}}">
                <text>*</text>
            </block>
            </block>
        </view>
    </block>

<block  wx:for="{{x}}"  wx:for-item="x">
    <view  class="aa">
        <block  wx:for="{{39+x}}"  wx:for-item="x">
            <text  decode="{{true}}"space="{{true}}"> </text>
        </block>
        <block  wx:for="{{y}}"  wx:for-item="y">
          <block  x:if="{{y<=11-2*x}}">
            <text>*</text>
          </block>
        </block>
    </view>
</block>
//text.js Page({
  data: {
    x:[1, 2, 3, 4,5],
    y:[1, 2, 3, 4, 5, 6, 7, 8, 9]
}
})
```

text 组件示例运行效果如图 4-5 所示。

图 4-5　text 组件示例运行效果

4.2.3　progress

progress 组件用于显示进度状态，比如资源加载、用户资料完成度、媒体资源播放进度等。

progress 组件属于块级元素，其属性如表 4-6 所示。

表 4-6　progress 组件的属性

属 性 名	类　型	默 认 值	说　明
percent	Float	无	百分比 0～100
show-info	Boolean	false	是否在进度条右侧显示百分比
stroke-width	Number	6	进度条的宽度，单位为 px
color	Number	#09BB07	进度条颜色
active	Boolean	false	是否以动画方式显示进度条

示例代码如下：

```
<view>显示百分比</view>
<progress  percent='80'  show-info='80'></progress>

<view>改变宽度</view>
<progress  percent='50'  stroke-width='2'></progress>

<view>自动显示进度条</view>
<progress  percent='80'  active></progress>
```

progress 组件示例运行效果如图 4-6 所示。

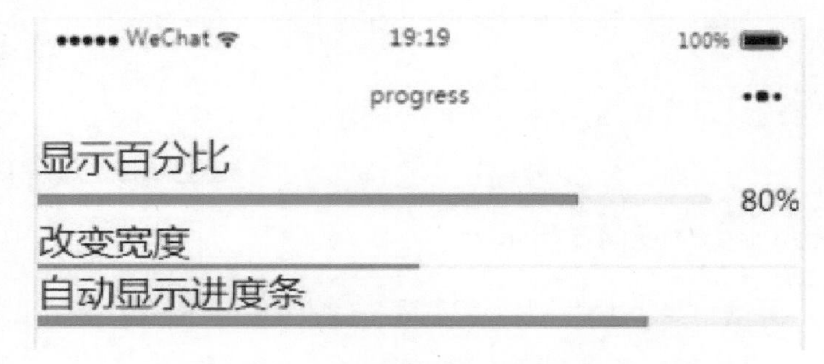

图 4-6　progress 组件示例运行效果

4.3　表单组件

表单的主要功能是收集用户信息，并将这些信息传递给后台服务器，实现小程序与用户的沟通。表单组件不仅可以放置在<form/>标签中使用，同时也可以作为单独组件和其他组件混合使用。

4.3.1　button

button 组件用来实现用户和应用之间的交互，同时按钮的颜色起引导作用，通常在一个程序中一个按钮至少有 3 种状态：默认点击（default）、建议点击（primary）、谨慎点击（warn）。在构建项目时，注意在合适的场景使用合适的按钮，当<button>被<form/>包裹时，可以通过设置 form-type 属性触发表单对应的事件。button 组件的属性如表 4-7 所示。

表 4-7　button 组件的属性

属 性 名	类　　型	默 认 值	说　　明
size	String	default	按钮的大小，其值包括：default，mini
type	String	default	按钮的类型，其值包括：default，primary，warn
plain	Boolean	false	按钮是否镂空，背景色可以透明，默认黑色或 0.7 透明度
disabled	Boolean	false	是否禁用
loading	Boolean	false	名称前是否显示 loading 图标
form-type	String	无	有效值包括：submit，reset。用于<form/>组件，点击分别会触发 submit/reset 事件
hover-class	String	button-hover	点击按钮时的样式

示例代码如下：

```
//button.wxml
<button  type="default">type:default</button>
<button  type="primary">type:primary</button>
<button  type="warn">type:warn</button>

<button  type="default"  bindtap='buttonSize'  size="{{size}}">改变
size</button>
<button  type="default"  bindtap='buttonPlain'  plain="{{plain}}">改变
plain</button>
<button  type="default"  bindtap='buttonLoading'  loading="{{loading}}">改变
loading 显示</button>

//button.js
Page({
data:{
   size:'default',
   plain:'false',
   loading:'false'
},
//改变按钮大小
buttonSize:function(){
    if(this.data.size=="default")
       this.setData({size:'mini'})
    else
       this.setData({size:'default'})
},
//是否显示镂空
buttonPlain:function(){
    this.setData({plain:!this.data.plain})
},
//是否显示 loading 图案
buttonLoading:function(){
    this.setData({loading:!this.data.loading})
}
})
```

button 组件示例运行效果如图 4-7 所示。

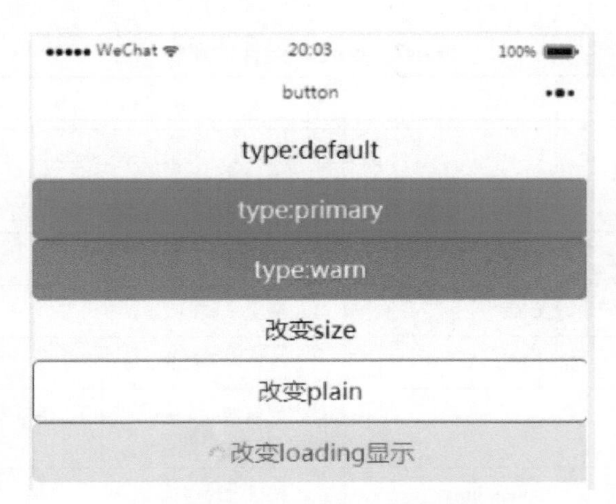

图 4-7　button 组件示例运行效果

4.3.2　radio

单选框用来从一组选项中选取一个选项，小程序中单选框由<radio-group/>（单项选择器）和<radio/>（单选项目）两个组件组合而成。一个包含多个<radio/>的<radio-group/>表示一组单选项，在同一组单选项中<radio/>是互斥的，当一个按钮被选中，之前选中的按钮就变为非选中。它们的属性如表 4-8 所示。

表 4-8　radio 组件的属性

radio-group			
属性名	类型	默认值	说明
bindchange	EventHandle		<radio-group/>中的选中项发生变化时触发 change 事件，event.detail={value：选中项 radio 的 value}
radio			
value	String		当<radio/>选中时，<radio-group/>的 change 事件会携带<radio/>的 value
checked	Boolean	false	当前是否选中
disabled	Boolean	false	是否禁用
color	Color		radio 颜色，同 CSS

示例代码如下：

```
//radio.wxml
<view>选择您喜爱的城市:</view>
<radio-group  bindchange="citychange">
    <radio  value="西安">西安</radio>
    <radio  value="北京">北京</radio>
    <radio  value="上海">上海</radio>
    <radio  value="广州">广州</radio>
    <radio  value="深圳">深圳</radio>
</radio-group>
<view>你的选择:{{city}}</view>

<view>选择您喜爱的计算机语言:</view>
<radio-group  class="radio-group"bindchange="radiochange">
    <label  class="radio"wx:for="{{radios}}">
```

```
        <radio  value="{{item.value}}"checked="{{item.checked}}"/>{{item.name}}
    </label>
</radio-group>
<view>你的选择:{{lang}}</view>
//radio.js
Page({
    data:{
        radios:[
        {name:'java',value:'JAVA'},
        {name:'python',value:'Python',checked:'true'},
        {name:'php',value:'PHP'},
        {name:'swif',value:'Swif'},
        ],
        city:'',
        lang:''
    },
    citychange:function(e){
        this.setData({city:e.detail.value});
    },
    radiochange:function(event){
        this.setData({lang:event.detail.value});
        console.log(event.detail.value)
    }
})
```

radio 组件示例运行效果如图 4-8 所示。

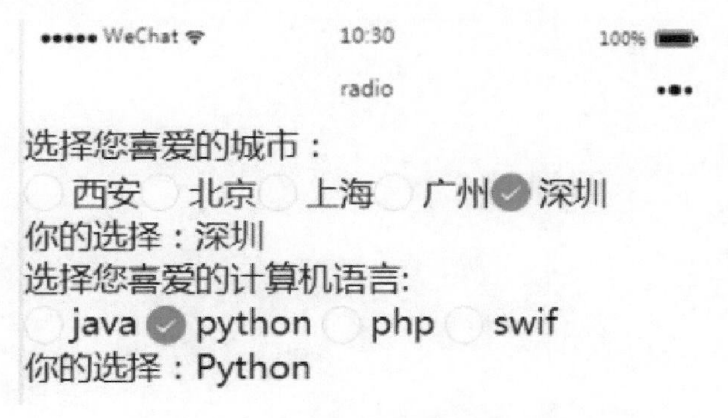

图 4-8　radio 组件示例运行效果

4.3.3　checkbox

复选框用来从一组选项中选取多个选项，小程序中复选框由<checkbox-group/>（多项选择器）和<checkbox/>（多选项目）两个组件组合而成。一个<checkbox-group/>表示一组选项，可以在一组选项中选中多个选项。它们的属性如表 4-9 所示。

表 4-9　checkbox 组件的属性

checkbox-group			
属 性 名	类　型	默 认 值	说　明
bindchange	EventHandle		<checkbox-group/>中的选中项发生变化时触发 change 事件，event.detail={value：选中项 checkbox 的 value 数组}
checkbox			
value	String		当<checkbox/>选中时，<checkbox-group/>的 change 事件会携带<checkbox/>的 value

（续表）

checkbox			
属 性 名	类 型	默 认 值	说 明
checked	Boolean	false	当前是否选中
disabled	Boolean	false	是否禁用
color	Color		checkbox 颜色，同 CSS

示例代码如下：

```
//checkobx.wxml
<view>选择您想去的城市:</view>
<checkbox-group  bindchange="cityChange">
<label  wx:for="{{citys}}">
<checkbox  value="{{item.value}}"
checked='{{item.checked}}'>{{item.value}}</checkbox>
</label>
</checkbox-group>
<view>您的选择是:{{city}}</view>

//checkbox.js
Page({
    city:'',
    data:
    { citys:
    [
        {name:'km',value:'昆明'},
        {name:'sy',value:'三亚'},
        {name:'zh',value:'珠海',checked:'true'},
        {name:'dl',value:'大连'}]
    },
    cityChange:function(e)
        { console.log(e.detail.value);
        varcity=
        e.detail.value;
        this.setData({city:city})
    }
})
```

checkbox 组件示例运行效果如图 4-9 所示。

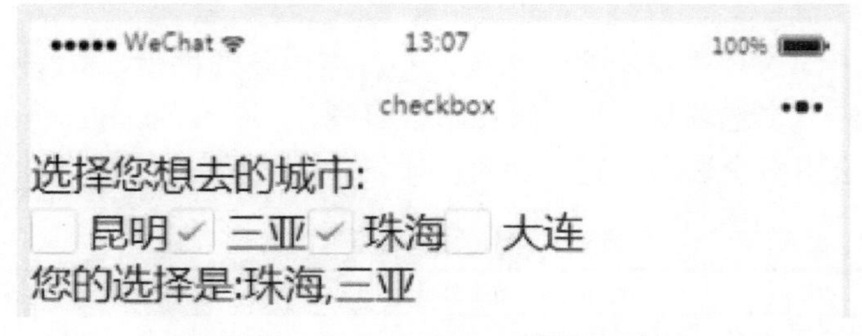

图 4-9　checkbox 组件示例运行效果

4.3.4　switch

switch 组件类似开关选择器，其属性如表 4-10 所示。

表 4-10　switch 组件的属性

属 性 名	类 型	默 认 值	说 明
checked	Boolean	false	是否选中
type	String	switch	样式，其值包括 switch 和 checkbox
bindchange	EventHandle		checked 改变时触发 change 事件，event.detail={value：checked}

示例代码如下：

```
//switch.wxml
<view>
  <switch  bindchange="sw1">{{var1}}</switch>
</view>
<view>
  <switch  checkedbindchange="sw2">{{var2}}</switch>
</view>
<view>
  <switch  type="checkbox"  bindchange="sw3">{{var3}}</switch>
</view>
//switch.js
Page({
  data:{
    var1:'关',
    var2:'开',
    var3:'未选'
  },
sw1:function(e){
    this.setData({var1:e.detail.value?'开':'关'})
},
sw2:function(e){
    this.setData({var2:e.detail.value?'开':'关'})
},
sw3:function(e){
    this.setData({var3:e.detail.value?'已选':'未选'})
}
})
```

switch 组件示例运行效果如图 4-10 所示。

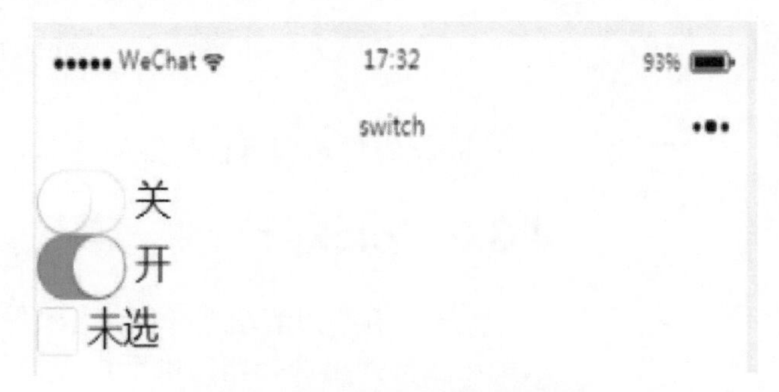

图 4-10　switch 组件示例运行效果

4.3.5　slider

slider 组件称为滑动选择器，可以通过滑动来设置相应的值，其属性如表 4-11 所示。

表 4-11　slider 组件的属性

属性名	类型	默认值	说明
min	Number	0	最小值
max	Number	100	最大值
step	Number	1	步长，能被 min/max 整除
disabled	Boolean	false	是否禁用
color	Color	#e9e9e9	背景条颜色
selected-color	Color	#1aad19	已选定颜色
value	Number	0	当前取值
show-value	Boolean	false	是否显示当前 value
bindchange	EventHandle		完成滑动触发的事件，event.detail={value:value}

示例代码如下：

```
//slider.wxml
<view>默认 min=0 max=100 step=1</view>
<slider></slider>

<view>显示当前值</view>
<slider  show-value></slider>
<view>设置 min=20 max=200 step=10</view>
<slider  min='0'  max='200'  step='10'  show-value></slider>

<view>背景条红色,已选定颜色绿色</view>
<slider color="#f00" selected-color='#0f0'></slider>

<view>滑动改变 icon 的大小</view>
<slider  show-value  bindchange='sliderchange'></slider>
<icon  type="success"  size='{{size}}'></icon>
//slider.js
Page({
    data:
    { size:
    '20'
    },
sliderchange:function(e)
    { this.setData({size:
    e.detail.value})
    }
})
```

图 4-11　slider 组件示例运行效果

slider 组件示例运行效果如图 4-11 所示。

4.3.6　picker

picker 组件为滚动选择器，当用户点击 picker 组件时，系统从底部弹出选择器，供用户选择。picker 目前支持 5 种选择器，分别是：selector（普通选择器）、multiSelector（多列选择器）、time（时间选择器）、date（日期选择器）、region（省市选择器）。

1. 普通选择器（mode=selector）

普通选择器的属性如表 4-12 所示。

表 4-12 普通选择器的属性

属性名	类型	默认值	说明
range	Array/Object Array	[]	mode 为 selector，range 有效
value	Number	0	value 的值表示选中了 range 的第几个
range-key	String		当 range 是 ObjectArray 时，通过 range-key 来指定 Object 中 key 的值作为选择器中显示的内容
disable	Boolean	false	是否禁用
bindchange	EvnetHandle		value 改变时触发 change 事件，event.detail={value：value}

示例代码如下：

```
//picker.wxml
<view>----range 为数组---</view>
<picker  range="{{array}}"  value="{{index1}}"  bindchange='arrayChange'>
    当前选择:{{array[index1]}}
</picker>

<view>---range 为数组对象--</view>
<picker    bindchange="objArrayChange"     value="{{index2}}"range-key="name"
range="{{objArray}}">
    当前选择:{{objArray[index2].name}}
</picker>

//picker.js
Page({
    data:{
        array:['Java','Python','C','C#'],
        objArray:[
            {id:0,name:'Java'},
            {id:1,name:'Python'},
            {id:2,name:'C'},
            {id:3,name:'C#'}
        ],
    index1:0,
    index2:0
    },
arrayChange:function(e){
    console.log('picker 值变为',e.detail.value)
    varindex=0;
    this.setData({
    index1:e.detail.value
    })
    },
objArrayChange:function(e){
    console.log('picker 值变为',e.detail.value)
    this.setData({
    index2:e.detail.value
    })
    }
})
```

普通选择器示例运行效果如图 4-12 所示。

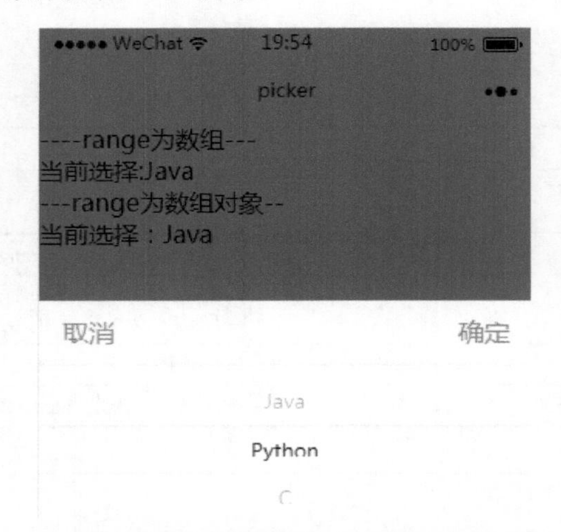

图 4-12　普通选择器示例运行效果

2．多列选择器（mode=multiSelector）

多列选择器允许用户从不同列中选择不同的选择项，其选项是二维数组或数据组对象。其属性如表 4-13 所示。

表 4-13　多列选择器的属性

属 性 名	类　型	默 认 值	说　明
range	二维 Array 或 ObjectArray	[]	二维数组，长度表示多少列，数据的每项表示每列的数据，如[[], []]
range-key	String		当 range 是 ObjectArray 时，通过 range-key 来指定 Object 中 key 的值作为选择器中的显示内容
value	Array	[]	value 的值表示选中了 range 的第几个
bindchange	EventHandle		value 改变时触发 change 事件
bindcolumnchange	EVentHandle		某一列的值改变时触发 columnchange 事件 event.detail={column：column，value：value}，column 的值表示改变了第几列（下标从 0 开始），value 的值表示变更值的下标
disabled	Boolean	false	是否禁用

示例实现省、市、县三级联动选择功能，如图 4-13 所示。

```
//picker2.wxml
<view>多列选择器</view>
<picker mode="multiSelector" bindchange="bindMultiPickerChange"
bindcolumnchange="bindMultiPickerColumnChange" value="{{multiIndex}}"
range="{{multiArray}}">
  <view>
  当前选择:{{multiArray[0][multiIndex[0]]}},{{multiArray[1][multiIndex[1]]}},
  {{multiArray[2][multiIndex[2]]}}
  </view>
</picker>

//pick2.js
```

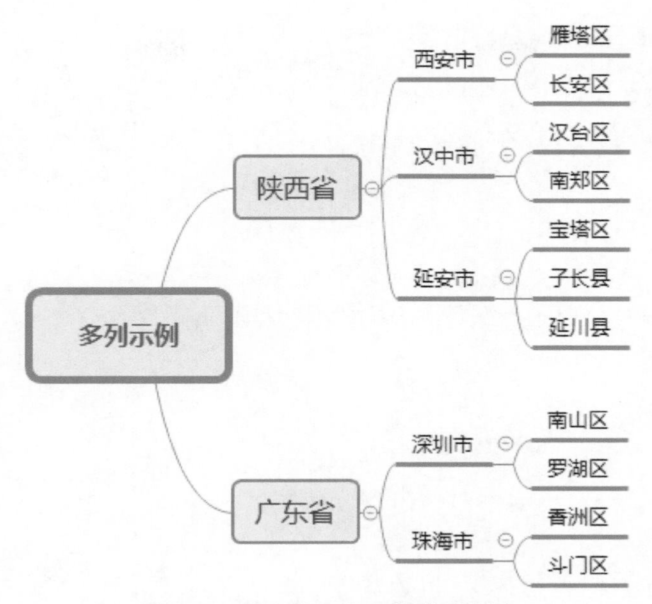

图 4-13　省、市、县三级联动示例

```
Page({
data:{
multiArray:[['陕西省','广东省'],['西安市','汉中市','延安市'],['雁塔区','长安区']],
  multiIndex:[0,0,0]
},
//绑定 Multipicker
bindMultiPickerChange:function(e){
    console.log('picker 发送选择改变,携带值为',e.detail.value)
    this.setData({
          multiIndex:e.detail.value
       })
},
//绑定 MultiPickerColumn
bindMultiPickerColumnChange:function(e){
    console.log('修改的列为',e.detail.column,',值为',e.detail.value);
    vardata={
          multiArray:this.data.multiArray,
          multiIndex:this.data.multiIndex
    };
data.multiIndex[e.detail.column]=e.detail.value;
switch(e.detail.column){
case0:
    switch(data.multiIndex[0])
    { case0:
       data.multiArray[1]=['西安市','汉中市','延安市'];
       data.multiArray[2]=['雁塔区','长安区'];break;
    case1:
       data.multiArray[1]=['深圳市','珠海市'];
       data.multiArray[2]=['南山区','罗湖区'];
       break;
    }
data.multiIndex[1]=0;
data.multiIndex[2]=0;
break;
case1:
```

```
    switch(data.multiIndex[0]){
        case0:
    switch(data.multiIndex[1]){
    case0:
        data.multiArray[2]=['雁塔区','长安区'];
        break;
    case1:
        data.multiArray[2]=['汉台区','南郑区'];
        break;
    case2:
        data.multiArray[2]=['宝塔区','子长县','延川县'];
        break;
    }
break;
case1:
    switch(data.multiIndex[1]){
        case0:
            data.multiArray[2]=['南山区','罗湖区'];
            break;
        case1:
            data.multiArray[2]=['香洲区','斗门区'];
            break;
        }
        break;
      }
    data.multiIndex[2]=0;
    console.log(data.multiIndex);
    break;
}
this.setData(data);
},
})
```

多列选择器示例运行效果如图 4-14 所示。

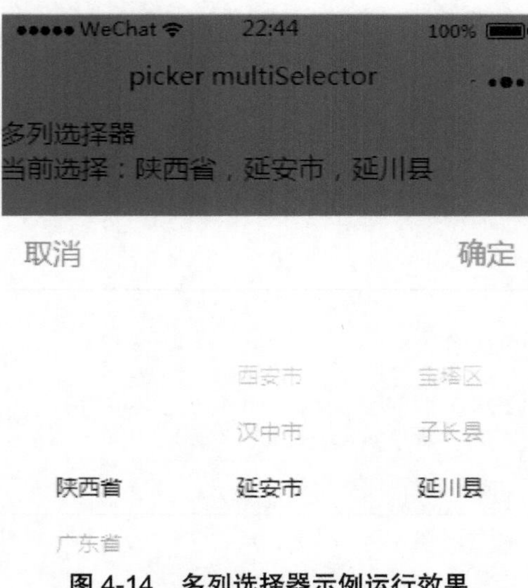

图 4-14　多列选择器示例运行效果

3．时间选择器（mode=time）

时间选择器可以从提供的时间中选择相应的时间，其属性如表 4-14 所示。

表 4-14　时间选择器的属性

属 性 名	类　型	说　明
value	String	表示选中的时间，格式为 hh:mm
start	String	表示有效时间范围的开始，字符串格式为 hh:mm
end	String	表示有效时间范围的结束，字符串格式为 hh:mm
disabled	Boolean	是否禁用，默认为 false
bindchange	EventHandle	value 改变时触发 change 事件，event.detail={value:value}

4．日期选择器（mode=date）

日期选择器可以从提供的日期中选择相应的日期，其属性如表 4-15 所示。

表 4-15　日期选择器属性

属 性 名	类　型	说　明
value	String	表示选中的日期，格式为 yyyy-MM-dd
start	String	表示有效日期范围的开始，字符串格式为 yyyy-MM-dd
end	String	表示有效日期范围的结束，字符串格式为 yyyy-MM-dd
fields	String	表示选择器的粒度，有效值包括 year，month，day，默认 day
disabled	Boolean	是否禁用，默认为 false
bindchange	EventHandle	value 改变时触发 change 事件，event.detail={value:value}

示例代码如下：

```
//picker-datetime.wxml
<view>
<picker mode="date" start="{{startdate}}" end="{{enddate}}"value="{{date}}"
bindchange="changedate">
选择的日期:{{date}}
</picker>
</view>
<view>
<picker mode="time" start="{{starttime}}" end="{{endtime}}"bindchange=
"changetime">
选择的时间:{{time}}
</picker>
</view>

//picker-datetime.js
Page({
       data:{
       startdate:2000,
       enddate:2050,
       date:'2018',
       starttime:'00:00',
       endtime:'12:59',
       time:'8:00'
    },
    changedate:function(e){
       this.setData({date:e.detail.value});
       console.log(e.detail.value)
    },
    changetime:function(e){
       this.setData({time:e.detail.value})
```

```
        console.log(e.detail.value)
    }
})
```

日期选择器示例运行效果如图 4-15 所示。

图 4-15　日期选择器示例运行效果

5．省市选择器（mode=region）

省市选择器是小程序新版本中提供的快速选择地区的组件，其属性如表 4-16 所示。

表 4-16　省市选择器的属性

属 性 名	类 型	说 明
value	[]	表示选中的省市区，默认选中每一列的第一个值
custom-item	String	可为每一列的顶部添加一个自定义项
disabled	Boolean	是否禁用，默认为 false
bindchange	EventHandle	value 改变时触发 change 事件，event.detail={value:value}

示例代码如下：

```
//picker-region.wxml
<picker mode="region" value="{{region}}" custom-item="{{customitem}}"
bindchange="changeregion">
    选择省市区:{{region[0]}},{{region[1]}},{{region[2]}}
</picker>

//picker-region.js
Page({
    data:{
        region:['陕西省','西安市','长安区'],
        customitem:'全部'
    },
    changeregion:function(e)
        { console.log(e.detail.value)
        this.setData({
        region:e.detail.value
        })
    }
})
```

省市选择器示例运行效果如图 4-16 所示。

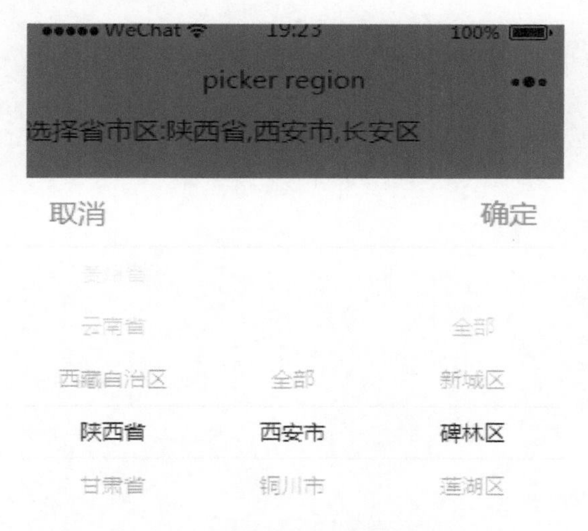

图 4-16 省市选择器示例运行效果

4.3.7 picker-view

picker-view 称为嵌入页面的滚动选择器，相对于 picker，它的列的个数和内容由用户自定义，<picker-view-column/>用于决定列的个数。picker-view 的属性如表 4-17 所示。

表 4-17 picker-view 的属性

属 性 名	类 型	说 明
value	[]	数组中的数字依次表示 picker-view 内的 picker-view-column 选择的第几项（下标从 0 开始），数字大于 picker-view-column 可选项长度时，选择最后一项
indicator-style	String	设置选择器中间选中框的样式
indicator-class	String	设置选择器中间选中框的类名
mask-style	String	设置蒙层的样式
mask-class	String	设置蒙层的类名
bindchange	EventHandle	当滚动选择，value 改变时触发 change 事件 event.detail={value:value}；value 为数组时，表示 picker-view 内的 picker-view-column 当前选择的是第几项（下标从 0 开始）

示例代码如下：

```
//picker-view.wxml
<view>当前日期:{{year}}年{{month}}月{{day}}日</view>
<picker-view indicator-style="height:50px;"style="width:100%;height:300px;"
value="{{value}}"bindchange="bindChange">
    <picker-view-column>
        <view wx:for="{{years}}" style="line-height:50px">{{item}}年</view>
    </picker-view-column>
    <picker-view-column>
        <view wx:for="{{months}}" style="line-height:50px">{{item}}月</view>
    </picker-view-column>
    <picker-view-column>
        <view wx:for="{{days}}" style="line-height:50px">{{item}}日</view>
```

```
    </picker-view-column>
    </picker-view>

//picker-view.js
Const date=newDate()
const years=[]
const months=[]
const days=[]
//定义年份
for(let i=1900;i<=2050;i++){
    years.push(i)
}
//定义月份
for(let i=1;i<=12;i++){
    months.push(i)
}
//定义日期
for(let i=1;i<=31;i++)
    {days.push(i)
}

Page({
    data:{
        years:years,
        months:months,
        days:days,
        year:date.getFullYear(),
        month:date.getMonth()+1,
        day:date.getDate(),
        value:[118,0,0],//定位到 2018 年 1 月 1 日
    },
bindChange:function(e)
    { constval=
    e.detail.value
    console.log(val);
    this.setData({
        year:this.data.years[val[0]],
        month:this.data.months[val[1]],
        day:this.data.days[val[2]]
    })
    }
})
```

picker-view 组件示例运行效果如图 4-17 所示。

图 4-17　picker-view 组件示例运行效果

4.3.8 input

input 组件为输入框，用户可以输入相应的信息。其属性如表 4-18 所示。

表 4-18 input 组件的属性

属性名	类型	默认值	说明
value	String		输入框的初始内容
type	String	text	input 的类型，有效值有：text、number、idcard（身份证号）、digit、time、date
password	Boolean	false	是否是密码类型
placeholder	String		输入框为空时的占位符
placeholder-style	String		指定 placeholder 的样式
placeholder-class	String	input-placeholder	指定 placeholder 的样式类
disabbled	Boolean	False	是否禁用
maxlength	Number	140	最大输入长度，设置为-1 时则不限制最大输入长度
cursor-spacing	Number	0	指定光标与键盘的距离，单位 px。取 input 距离底部的距离和 cursor-spacing 指定的距离的最小值作为光标与键盘的距离
auto-focus	Boolean	false	自动聚焦，拉起键盘（该属性即将被废弃）
focus	Boolean	false	获取焦点
confirm-type	String	“done”	设置键盘右下角按钮的文字，有效值包括：send、search、go、next、done
confirm-hold	Boolean	false	点击键盘右下角按钮时是否保持键盘不收起
cursor	Number		指定 focus 时的光标位置
bindchange	EventHandle		当键盘输入时，触发 input 事件，event.detail={value，cursor}，处理函数可以直接 return 一个字符串，将替换输入框的内容
bindinput	EventHandle		输入框聚焦时触发，event.detail = {value:value}
bindfocus	EventHandle		输入框失去焦点时触发，event.detail ={value:value}
bindblur	EventHandle		点击完成按钮时触发，event.detail = {value:value}

示例代码如下：

```
//input.wxml
<input placeholder="这是一个可以自动聚焦的 input"auto-focus/>
<input placeholder="这个只有在按钮点击的时候才聚焦"focus="{{focus}}"/>
<button bindtap="bindButtonTap">使得输入框获取焦点</button>
<input maxlength="10" placeholder="最大输入长度 10"/>
<view class="section_title">你输入的是:{{inputValue}}</view>
    <input bindinput="bindKeyInput"placeholder="输入同步到 view 中"/>
</view>
<input bindinput="bindReplaceInput"placeholder="连续的两个 1 会变成 2"/>
<input passwordtype="number"/>
<input passwordtype="text"/>
<input type="digit"placeholder="带小数点的数字键盘"/>
<input type="idcard"placeholder="身份证输入键盘"/>
<input placeholder-style="color:red"placeholder="占位符字体是红色的"/>

//input.js
Page({
```

```
data:{
    focus:false,
    inputValue:''
},
bindButtonTap:function()
    { this.setData({
    focus:true
    })
},
bindKeyInput:function(e)
    { this.setData({
    inputValue:e.detail.value
    })
},
bindReplaceInput:function(e)
    { var value=e.detail.value
    Var pos=e.detail.cursor
    if(pos!=-1){
    //光标在中间
    Var left=e.detail.value.slice(0,pos)
    //计算光标的位置
    pos=left.replace(/11/g,'2').length
    }
    //直接返回对象,可以对输入进行过滤处理,同时可以控制光标的位置
    return{
    value:value.replace(/11/g,'2'),
    cursor:pos
}
//或者直接返回字符串,光标在最后边
//return value.replace(/11/g,'2'),
}
})
```

input 组件示例运行效果如图 4-18 所示。

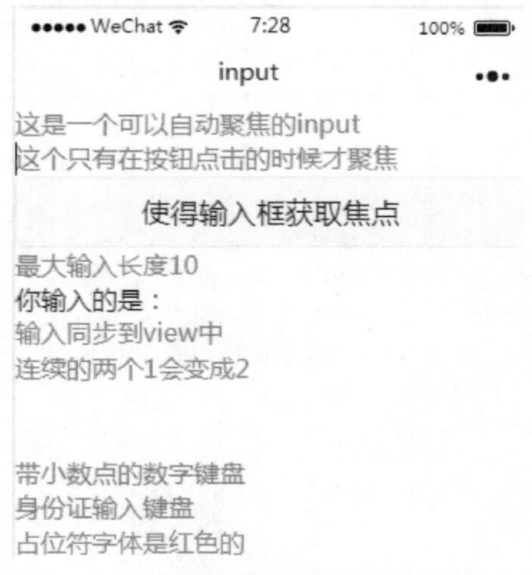

图 4-18　input 组件示例运行效果

4.3.9　textarea

textarea 多行输入框组件，可实现多行内容的输入。其属性如表 4-19 所示。

表 4-19　textarea 组件属性

属 性 名	类　型	默 认 值	说　明
value	String		输入框的初始内容
placeholder	String		输入框为空时的占位符
placeholder-style	String		指定 placeholder 的样式
placeholder-class	String	input-placeholder	指定 placeholder 的样式类
disabbled	Boolean	false	是否禁用
maxlength	Number	140	最大输入长度，设置为-1 时则不限制最大输入长度
auto-focus	Boolean	false	自动聚焦，拉起键盘（此属性即将被废弃）
focus	Boolean	false	获取焦点
auto-height	Boolean	false	是否自动增高，设置 auto-height 时 style.height 不生效
fixed	Boolean	flase	如果 textarea 是在一个 position：fixed 的区域，需要显示指定属性 fiexed 为 true
cursor-spacing	Number	0	指定光标与键盘的距离，单位为 px。取 input 距离底部的距离和 cursor-spacing 指定的距离的最小值作为光标与键盘的距离
cursor	Number		指定 focus 时的光标位置
show-confirm-bar	Boolean	true	是否显示键盘上方带有“完成”按钮那一栏
bindfocus	EventHandle		输入框聚焦时触发，event.detail = {value：value}
bindblur	EventHandle		输入框失去焦点时触发，event.detail ={value：value}
bindchange	EventHandle		输入框行数变化时调用，event.detail={height：0，heightRpx：0，lineCount：0}
bindinput	EventHandle		当键盘输入时，触发 input 事件，event.detail= {value，cursor}，bindinput 处理函数的返回值并不会反映到 textarea 上
bindconfirm	EventHandle		点击完成时，触发 confirm 事件，event.detail={value：value}

示例代码如下：

```
//textarea.wxml
<textarea bindblur="bindTextAreaBlur"auto-heightplaceholder="自动变高"/>
<textarea placeholder="placeholder 颜色是红色的"placeholder-style="color:red;"/>
<textarea placeholder="这是一个可以自动聚焦的 textarea"auto-focus/>
<textarea placeholder="这个只有在按钮点击的时候才聚焦"focus="{{focus}}"/>
<button bindtap="bindButtonTap">使得输入框获取焦点</button>
<form bindsubmit="bindFormSubmit">
    <textarea placeholder="form 中的 textarea"name="textarea"/>
    <button form-type="submit">提交</button>
</form>

//textarea.js
Page({
    data:{
       height:10,
       focus:false
    },
    bindButtonTap:function()
       { this.setData({
       focus:true
       })
    },
```

```
    bindTextAreaBlur:function(e)
        { console.log(e.detail.value
        )
    },
    bindFormSubmit:function(e)
        { console.log(e.detail.value.textarea)
    }
})
```

textarea 组件示例运行效果如图 4-19 所示。

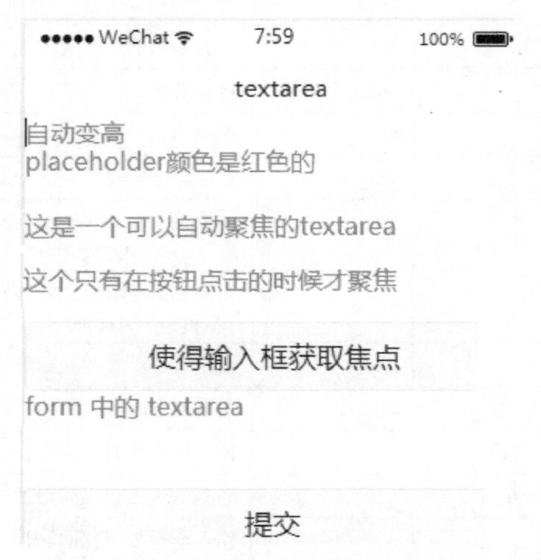

图 4-19　textarea 组件示例运行效果

4.3.10　label

label 为标签组件，用来提升表单组件的可用性。支持使用 for 属性找到对应的 id，或者将控件放在该标签下，当点击时，就会触发对应的控件。for 优先级高于内部控件，内部有多个控件的时候默认触发第一个控件。

目前可以绑定的控件有：<button/>、<checkbox/>、<radio/>、<switch/>。

示例代码如下：

```
//label.wxml
<!-- 点击中国不能选择/取消复选框-->
<view><checkbox></checkbox>中国</view>
<!-- 点击中国可以选择/取消复选框-->
<view><label><checkbox></checkbox>中国</label></view>
<!--使用 for 找到对应的 Id-->
<checkbox-group bindchange="cityChange">
<label wx:for="{{citys}}">
<checkbox value="{{item.value}}"checked='{{item.checked}}'>{{item.value}}
</checkbox>
</label>
</checkbox-group>
<view>您的选择是:{{city}}</view>
//label.js
Page({
    city:'',
    data:{
```

```
        citys:[
        {name:'km',value:'昆明'},
        {name:'sy',value:'三亚'},
        {name:'zh',value:'珠海',checked:'true'},
        {name:'dl',value:'大连'}]
    },
    cityChange:function(e){
        console.log(e.detail.value);
        varcity=e.detail.value;
        this.setData({city:city})
    }
})
```

label 组件示例运行效果如图 4-20 所示。

图 4-20 label 组件示例运行效果

4.3.11 form

form 表单组件，用来实现将组件内的用户输入信息进行提交。当点击<form/>表单中 formType 为 submit 的<button/>组件时，会将表单组件中的 value 值进行提交。其属性如表 4-20 所示。

表 4-20 form 组件属性

属性名	类型	默认值	说明
report-submit	Boolean	false	是否返回 formId 用于发送模板消息
bindsubmit	EventHandle		触发 submit 事件，event.detail={value：{name：value}，formId}
bindreset	EventHandle		表单重置时触发 reset 事件

示例代码如下：

```
//form.wxml
<form bindsubmit="formSubmit" bindreset="formReset">
<view>姓名:
    <input type="text" name="xm"/>
</view>
<view>性别:
    <radio-group name="xb">
        <label>
        <radio value="男" checked/>男</label>
        <label>
        <radio value="女"/>女</label>
    </radio-group>
</view>
```

```
<view>爱好：
    <checkbox-group name="hobby">
    <label wx:for="{{hobbies}}">
        <checkbox value="{{item.value}}"
    checked='{{item.checked}}'>{{item.value}}</checkbox>
    </label>
    </checkbox-group>
</view>
<button formType='submit'>提交</button>
<button formType='reset'>重置</button>
</form>
//form.js
Page({
    hobby:'',
    data:{
        hobbies:[
        {name:'jsj',value:'计算机',checked:'true'},
        {name:'music',value:'听音乐'},
        {name:'game',value:'玩电竞'},
        {name:'swim',value:'游泳',checked:'true'}]
    },
    formSubmit:function(e){
        console.log('form发生了submit事件,携带数据为:',e.detail.value)
    },
    formReset:function()
        { console.log('form发生了reset事件
        ')
    }
})
```

form组件示例运行效果如图4-21所示。

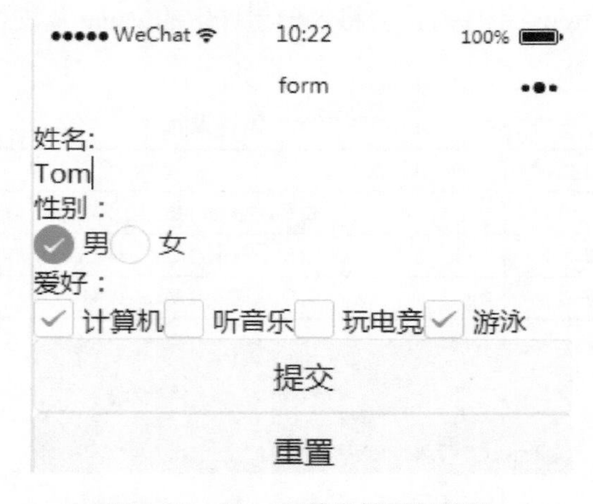

图4-21　form组件示例运行效果

4.4　媒体组件

媒体组件包括image（图像）、audio（音频）、video（视频）、camera（相机）组件，通过这些组件的使用，可使页面更具有吸引力。

4.4.1 image 组件

image 为图像组件，与 HTML 中的<img/>类似，系统默认 image 组件的宽度为 300px、高度为 2250px。其属性如表 4-21 所示。

表 4-21　image 组件属性

属 性 名	类　型	说　明
src	String	图片资源地址
mode	String	图片裁剪，缩放模式，默认为“ScaleToFill”
lazy-load	Boolean	图片加载。只针对 page 与 scroll-view 下的 image 有效
binderror	EventHandle	当错误发生时，发布到 AppService 的事件名，事件对象 event.detail={errMsg：" something wrong"}
bindload	EventHandle	当图片载入完毕时，发布到 AppService 的事件名，事件对象 event.detail={height："图片高度 px"，widthL："图片宽度 px"}

image 组件中的 mode 属性有 13 种模式，其中缩放模式有 4 种、裁剪模式有 9 种。

（1）缩放模式

- scaleToFill：不保持纵横比缩放图片，使图片的宽和高完全拉伸，填满 image 元素。
- aspecFit：保持纵横比缩放图片，使图片的长边能完全显示出来。也就是说，可以完整地将图片显示出来。
- aspecFill：保持纵横比缩放图片，只保证图片的短边能完全显示出来。也就是说，图片通常只在水平或垂直方向是完整的，另一个方向将会发生截取。
- widthFix：宽度不变，高度自动变化，保持原图宽高比不变。

（2）裁剪模式

- top：不缩放图片，只显示图片的顶部区域。
- bottom：不缩放图片，只显示图片的底部区域。
- center：不缩放图片，只显示图片的中间区域。
- left：不缩放图片，只显示图片的左边区域。
- right：不缩放图片，只显示图片的右边区域。
- top_left：不缩放图片，只显示图片的左上边区域。
- top_right：不缩放图片，只显示图片的右上边区域。
- bottom_left：不缩放图片，只显示图片的左下边区域。
- bottom_right：不缩放图片，只显示图片的右下边区域。

示例代码如下：

```
//image.wxml
<block wx:for="{{modes}}">
    <view>当前图片的模式是:{{item}}</view>
    <image mode="{{item}}"src="/image/5.jpg"style="width:100%,height:100%"/>
</block>
//image.js
Page({
data:{
    modes:['scaleToFill','aspecFit','aspecFill','widFix','top','center','botto
m','left','right','top_left','top_right','bottom_left','bottom_right']
    }
})
```

image 组件示例运行效果如图 4-22 所示。

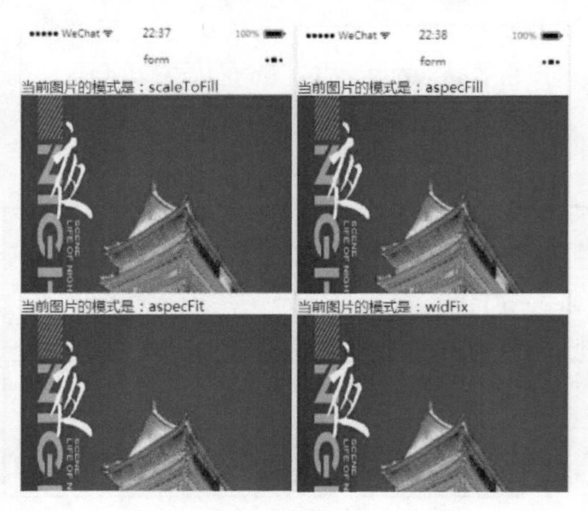

（a）缩放模式

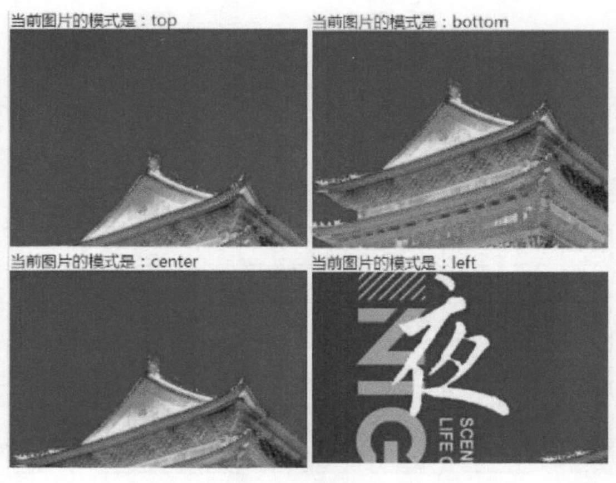

（b）裁剪模式

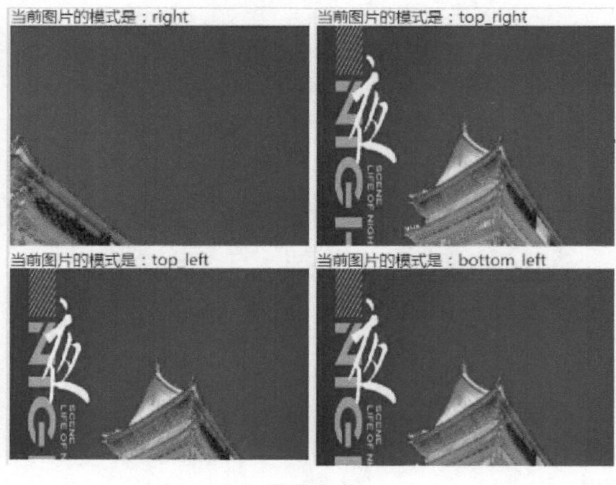

（c）裁剪模式

（d）裁剪模式

图 4-22　image 组件示例运行效果

通常建议设置图片模式为 widthFix，然后给图片加一个固定 rpx 的宽度，这样图片可以实现自适应。

4.4.2　audio

audio 组件用来实现音乐播放、暂停等，其属性如表 4-22 所示。

表 4-22　audio 属性组件

属　性　名	类　　型	说　　明
action	Object	控制音频的播放、暂停、播放速率、播放进度的对象，有 method 和 data 两个参数
src	Sting	要播放音频的资源地址
loop	Boolean	是否循环播放，默认为 false
controls	Boolean	是否显示默认控件，默认为 true
poster	String	默认控件上的音频封面的图片资源地址，如果 controls 属性值为 false，则设置 poster 无效

（续表）

属 性 名	类 型	说 明
name	String	默认控件上的音频名字，如果 controls 属性值为 false，则设置 name 无效，默认“未知音频”
author	String	默认控件上的作者名字，如果 controls 属性值为 false，则设置 name 无效，默认“未知作者”
binderror	EventHadle	当发生错误时触发 error 事件，detail={errMsg：MediaError.code}
bindplay	EventHadle	当开始/继续播放时触发 play 事件
bindpause	EventHadle	当暂停播放时触发 pause 事件
bindratechange	EventHadle	当播放速率改变时触发 ratechange 事件
bindtimeupdate	EventHadle	当播放进度改变时触发 timeupdate 事件，detail={currentTime, duration}
bindended	EventHadle	当播放到末尾时触发 ended 事件

示例代码如下：

```
//audio.wxml
<audio src="{{src}}" action="{{action}}" poster="{{poster}}" name="{{name}}"
author="{{author}}" loop controls></audio>
<button type="primary" bindtap='play'>播放</button>
<button type="primary" bindtap="pause">暂停</button>
<button type="primary" bindtap="playRate">设置速率</button>
<button type="primary" bindtap="currentTime">设置当前时间(秒)</button>

//audio.js
Page({
data:
{ poster:
'http://y.gtimg.cn/music/photo_new/T002R300x300M000003rsKF44GyaSk.jpg?max_age=
2592000',
name:'此时此刻',
author:'许巍',src:
'http://ws.stream.qqmusic.qq.com/M500001VfvsJ21xFqb.mp3?guid=ffffffff82def4af4
b12b3cd9337d5e7&uin=346897220&vkey=6292F51E1E384E06DCBDC9AB7C49FD713D632D313AC
4858BACB8DDD29067D3C601481D36E62053BF8DFEAF74C0A5CCFADD6471160CAF3E6A&fromtag=
46',
},
play:function()
    { this.setData({
       action:{
       method:'play'
       }
    })
},
pause:function(){
    this.setData({
       action:{
       method:'pause'
    }
})
},
playRate:function()
{
    this.setData({
    action:{
       method:'setPlaybackRate',
```

```
        data:10//速率
    }
    })
    console.log('当前速率:'+this.data.action.data)
},
currentTime:function(e){
    this.setData({
        action:{
            method:'setCurrentTime',
            data:120
        }
    })
    }
})
```

audio 组件示例运行效果如图 4-23 所示。

图 4-23　audio 组件示例运行效果

4.4.3　video

video 组件用来实现视频的播放、暂停等。默认视频的宽度为 300px，高度为 225px，其属性如表 4-23 所示。

表 4-23　video 组件属性

属 性 名	类　　型	说　　明
src	String	要播放视频的资源地址
initial-time	Number	指定视频初始播放位置
duration	Number	指定视频时长
controls	Boolean	是否显示默认播放控件（播放/暂停按钮、播放进度、时间），默认为 true
danmu-list	Object Array	弹幕列表
danmu-btn	Boolean	是否显示弹幕按钮，只在初始化时有效，不能动态变更，默认为 false
enable-danmu	Boolean	是否展示弹幕，只在初始化时有效，不能动态变更
autoplay	Boolean	是否自动播放，默认为 false
loop	Boolean	是否循环播放，默认为 false
muted	Boolean	是否静音播放，默认为 false
page-gestur	Boolean	在非全屏模式下，是否开启亮度与音量调节手势

（续表）

属　性　名	类　　型	说　　明
bindplay	EventHandle	当开始/继续播放时触发 play 事件
bindpause	EventHandle	当暂停播放时触发 pause 事件
bindended	EventHandle	当播放到末尾时触发 ended 事件
bindtimeupdate	EventHandle	播放进度变化时触发，event.detail = {currentTime：'当前播放时间'}。触发频率应该为 250ms 一次
bindfullscreenchange	EventHandle	当视频进入和退出全屏时触发，event.detail ={fullScreen：'当前全屏状态'}
objectFit	String	当视频大小与 video 容器大小不一致时，设置视频的表现形式。contain：包含，fill：填充，cover：覆盖
poster	String	默认控件上的音频封面的图片资源地址，如果 controls 属性值为 false，则设置 poster 无效

示例代码如下：

```
//video.wxml
<video src="{{src}}"controls></video>
<view class="btn-area">
<button bindtap="bindButtonTap">获取视频</button>
</view>

//video.js
Page({
data:{
    src:'',
},
bindButtonTap:function()
    { var that=this
    wx.chooseVideo({
       sourceType:['album','camera'],
       maxDuration:60,
       camera:['front','back'],
       success:function(res){
          that.setData({
             src:res.tempFilePath
          })
       }
    })
    }
})
```

video 组件示例运行效果如图 4-24 所示。

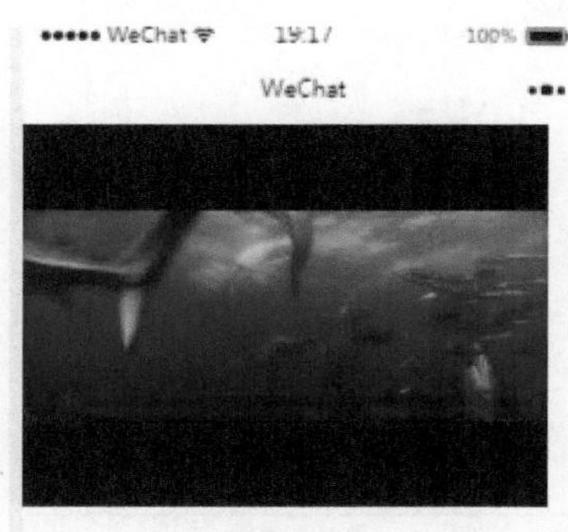

图 4-24　video 组件示例运行效果

4.4.4 camera

camera 为系统相机组件，可实现拍照或录像功能。一个页面中，只能有一个 camera 组件，在开发工具中运行时，使用计算机摄像头实现拍照或录像，在手机中运行时，使用手机前后摄像头实现拍照或录像。其属性如表 4-24 所示。

表 4-24　camera 属性

属 性 值	类　型	默 认 值	说　明
device-position	String	back	前置或后置，值为 front，back
flash	String	auto	闪光灯，值为 auto，on，off
bindstop	EventHandle		摄像头在非正常终止时触发，如退出后台等情况
binderror	EventHandle		用户不允许使用摄像头时触发

示例代码如下：

```
//.wxml
<camera device-position="back" flash="off" binderror="error" style="width:100%;
height:350px;"></camera>
<button type="primary" bindtap="takePhoto">拍照</button>
<view>预览</view>
<image mode="widthFix"src="{{src}}"></image>
//.js
Page({
  takePhoto(){
    const ctx=wx.createCameraContext()//创建并返回 camera 上下文对象
    ctx.takePhoto({              //拍照,成功则返回图片
      quality:'high',
      success:(res)=>
      { this.setData({
         src:res.tempImagePath
      })
     }
   })
  },
  error(e)
    { console.log(e.detail)
  }
})
```

camera 组件示例运行效果如图 4-25 所示。

图 4-25　camera 组件示例运行效果

4.5 其他组件

4.5.1 map

map（地图）组件用于在页面中显示地图或路径，常用于 LBS（基于位置服务）或路径指引，功能相对于百度地图、高德地图，较简单，目前具备绘制图标、路线、半径等能力，不能在 croll-view、swiper、picker-view、movable-view 组件中使用。其属性如表 4-25 所示。

表 4-25　map 组件属性

属性名	类型	默认值	说明
longitude	Number		中心经度
latitude	Number		中心纬度
scale	Number	16	缩放比例，取值范围为 5～18
markers	Array		标记点，用于在地图上显示标记的位置
covers	Array		覆盖物，不建议使用
polyline	Array		路线
circles	Array		圆
controls	Array		控件
include-points	Array		缩放视野以包含所有给定的坐标点
show-location	Boolean		显示带有方向的当前定位点
bindmarkertap	EventHandle		点击标记点时触发
bindcallouttap	EventHandle		点击标记点对应的气泡时触发
bindcontroltap	EventHandle		点击控件时触发
bindregionchange	EventHandle		视野发生变化时触发
bindtap	EventHandle		点击地图时触发
bindupdated	EventHandle		在地图渲染更新完成时触发

markers 用于在地图上显示标记的位置，其属性如表 4-26 所示。

表 4-26　markers 组件属性

属性名	类型	必填	说明
id	Number	否	标记点 id，点击事件回调会返回此 id
longitude	Number	是	经度，范围-180°～180°
latitude	Number	是	纬度，范围-90°～90°
title	String	否	标注点名称
iconPath	String	是	显示的图标
rotate	Number	否	旋转角度，范围 0～360°，默认 0
alpha	Number	否	标注的透明度，默认 1，无透明
width	Number	否	标注图标宽度，默认为图片实际宽度
height	Number	否	标注图标高度，默认为图片实际高度

（续表）

属 性 名	类 型	必 填	说 明
callout	Object	否	自定义标记点上方的气泡窗口
label	Object	否	为标记点旁边增加标签
anchor	Object	否	经纬度在图标的锚点，默认底边中点{x，y}

polyline 属性用来指定一系列坐标点，从数组第一项连线到最后一项，形成一条路线，可以指定线的颜色、宽度、线型以及是否带箭头等。其属性如表 4-27 所示。

表 4-27 polyline 属性

属 性 名	类 型	必 填	说 明
points	Array	是	经纬度数组，[{latitude：0，longitude：0}]
color	String	否	线的颜色
width	Number	否	线的宽度
dottedLine	Boolean	否	是否虚线，默认为 false
arrowLine	Boolean	否	是否带箭头，默认为 false
arrowIconPath	String	否	更换箭头图标
borderColor	String	否	线的边框颜色
borderWidth	Number	否	线的厚度

示例代码如下：

```
//.wxml
<map  id="map"
      longitude="108.9200"                    //中心点经度
      latitude="34.1550"                      //中心点纬度
      scale="14"                              //缩放比例
      controls="{{controls}}"                 //地图上显示控件
      bindcontroltap="controltap"             //点击控件时触发
      markers="{{markers}}"                   //标记点
      bindmarkertap="markertap"               //点击标记点时触发
      polyline="{{polyline}}"                 //路线点
      bindregionchange="regionchange"         //视野发生改变时触发
      show-location
      style="width:100%;height:300px;">
</map>
//.js
Page({
   data:{
    markers:[{                                //标记点
      iconPath:"/pages/dw.png",
      id:0,
      longitude:"108.9290",
      latitude:"34.1480",
      width:50,
      height:50
    }],
   polyline:[{                                //线路
      points:[
        {                                     //线路点 1
        longitude:"108.9200",
```

```
        latitude:"34.1400",
        },
        {
        longitude:"108.9200",            //线路点 2
        latitude:"34.1500"
        },
        {
        longitude:"108.9200",            //线路点 3
        latitude:"34.1700"
        }
        ],
        color:"#00ff00",
        width:2,
        dottedLine:true
    }],
    controls:[{                          //控件的相关信息
        id:1,
        iconPath:'/pages/dw.png',
        position:{
          left:0,
          top:300,
          width:30,
          height:30
       },
       clickable:true
   }]
},
regionchange(e)
  { console.log(e.type)
},
markertap(e)
  { console.log(e.markerId)
},
controltap(e)
 { console.log(e.controlId)
 }
})
```

map 组件示例运行效果如图 4-26 所示。

图 4-26　map 组件示例运行效果

4.5.2 canvas

canvas（画布）组件是用来绘制图形的，相当于一块无色透明的普通图布，它本身并没有绘图能力，仅仅是图形容器，通过绘图 API 实现绘图任务。默认情况下，canvas 组件的默认宽度为 300px，高度为 225px，同一页面中的 canvas-id 不能重复，否则出错。其属性如表 4-28 所示。

表 4-28 canvas 属性

属 性 名	类 型	说 明
canvas-id	String	canvas 组件的唯一标识符
disable-scroll	Boolean	在 canvas 中移动时，禁止屏幕滚动以及下拉刷新，默认 false
bindtouchstart	EventHandle	手指触摸动作开始
bindtouchmove	EventHandle	手指触摸后移动
bindtouchend	EventHandle	手指触摸动作结束
bindtouchcancel	EventHandle	手指触摸动作被打断
binderror	EventHandle	当发生错误时触发 error 事件，etail={errMsg：'wrong'}

实现绘图操作需要三步：

第一，创建一个 canvas 绘图上下文。

```
var context = wx.createCanvasContext('myCanvas')
```

第二，使用 canvas 组件对绘图上下文进行绘图描述。

```
context.setFillStyle('green')          //设置绘图上下文的填充色为绿色
context.fillRect(10,10,200,100)        //方法画一个矩形,填充为设置的绿色
```

第三，画图。

```
context.draw()
```

示例代码如下：

```
//.wxml
<canvas canvas-id="myCanvas" style="border:1px solid red; "/>
//.js
Page({
onLoad:function(options){
 var context = wx.createCanvasContext('myCanvas')
  context.setFillStyle('green')
  context.fillRect(10,10,200,100)
  context.draw()
 }
})
```

canvas 组件示例运行效果如图 4-27 所示。

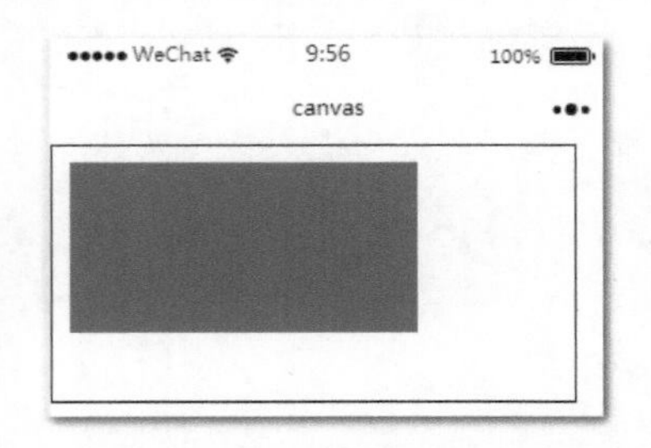

图 4-27 canvas 组件示例运行效果

本章小结

本章讲解小程序中常用的组件，包括容器组件（view、scroll-view、swiper）、基础内容组件（icon、text、progress、rich-text）、表单组件（form、input、button、radio、checkbox、label、picker、picker-view、slider、switch、textarea）、多媒体组件（audio、image、video、camera）、其他组件（map、canvas）等。熟练掌握这些组件的属性和方法是开发小程序的必备技能。小程序组件知识体系如图 4-28 所示。

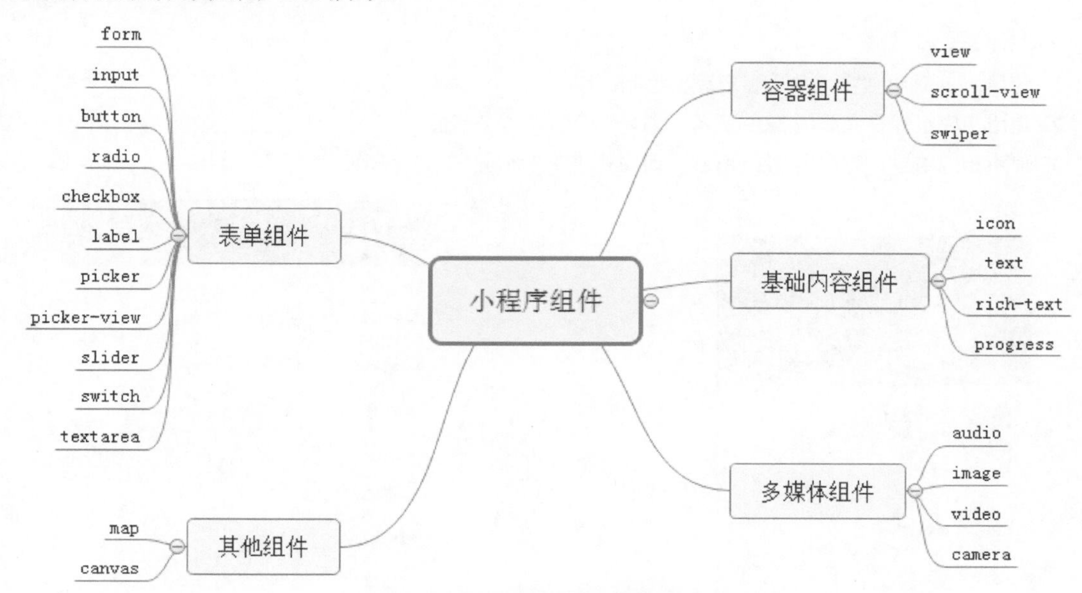

图 4-28　小程序组件知识体系

思考练习题

一、选择题

1. 下列不是容器组件的是（　　）。

   A. view　　B. scroll-view　　C. swiper　　D. picker

2. 下列不是 icon 组件的 type 属性的是（　　）。

   A. success　　B. info　　C. primary　　D. warn

3. text 组件的 space 属性为 true 表示（　　）。

   A. 连续显示空格　　B. 不连续显示空格

4. 下列不是 button 组件的 type 属性的是（　　）。

   A. default　　B. primary　　C. warn　　D. waiting

5. radio 组件中选项改变时，会触发 change 事件，change 事件是否会携带当前选中项的 value（　　）。

   A. 是　　B. 否

6. slider 组件的 step 的默认值为（　　）。

   A. 1　　B. 5　　C. 10　　D. 20

7. picker 组件的模式（mode）有哪些（　　）。

　A. selector　　　B. multisSlector　　　C. time/date　　　D. region

8. image 组件的缩放模式有哪些（　　）。

　A. scalToFill　　　B. aspeFit　　　C. aspeFill　　　D. widthFix

9. camera 组件能否实现录像功能（　　）。

　A. 可以　　　B. 不可以

10. canvas 组件绘图时必须使用相应的 API（　　）。

　A. 对　　　B. 不对

二、操作题

1. 使用 canvas 组件实现“奥运五环”绘制。
2. 使用相应组件，完成图 4-29 所示“书单”小程序部分界面。
3. 使用相应组件，完成图 4-30 所示“西安找拼车”小程序部分界面。

图 4-29　“书单”小程序部分界面

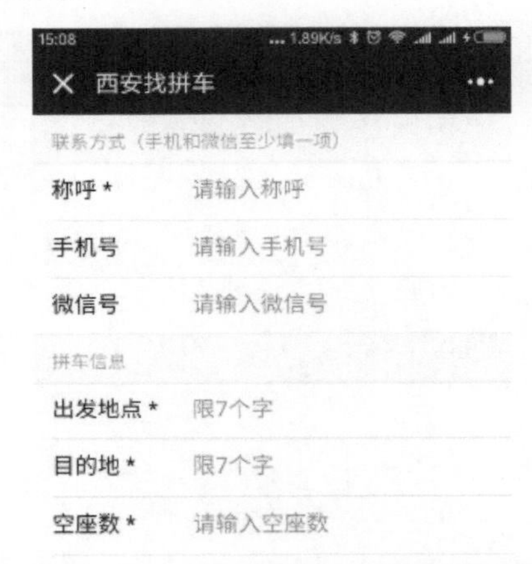

图 4-30　“西安找拼车”小程序部分界面

三、编程题

“人生进程”是一款极简的小程序，它只有一个功能，就是计算你从出生到现在已经度过了多少个月，留给你的时间可能还剩多少，如图 4-31 所示。

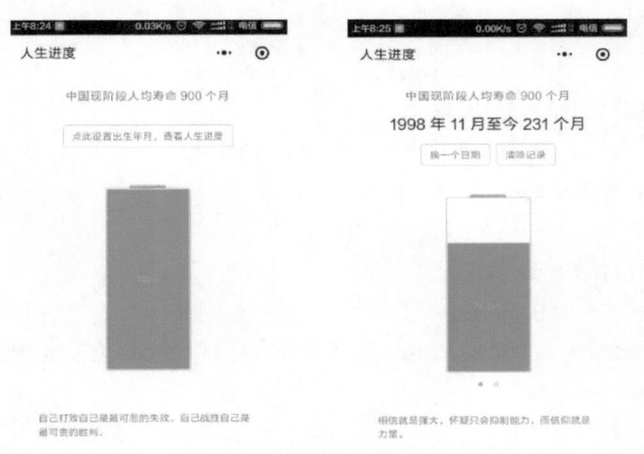

图 4-31　“人生进程”小程序界面

第 5 章　即速应用

学习目标：

- 了解即速应用的特征
- 掌握即速应用布局组件、基础组件、高级组件
- 掌握即速应用后台管理
- 掌握即速应用小程序打包上传

5.1　即速应用概述

5.1.1　即速应用的优势

即速应用是深圳市咫尺网络科技开发有限公司开发的一款同时兼具微信小程序和支付宝小程序快速开发能力的工具，让用户只需要简单拖曳可视化组件，即可实现无须代码的在线小程序开发。据不完全统计，微信小程序正式发布 10 个月后，在“即速应用”上打包代码并成功通过审核上线的微信小程序，已经超过 3 万个。

即速应用的功能特点主要体现在以下几个方面。

1．开发流程简单，零门槛制作

通过“即速应用”开发微信小程序的整个过程非常简单，没有开发经验的人也可以轻松上手。

（1）登录即速应用官网 www.jisuapp.cn，进入制作界面，在众多行业模板中，选择一个合适的模板。

（2）在模板的基础上进行简单编辑和个性化制作。

（3）制作完成后，将代码一键打包并下载。

（4）将代码上传至微信开发者工具中。

（5）上传成功后，等待微信官方审核通过即可。

2．行业模板多样，种类齐全

为了节省广大开发者的开发时间和资金成本，彻底解决小程序开发的苦恼，“即速应用”

为广大开发者提供非常齐全的行业解决方案。目前“即速应用”已经上线了60多个小程序行业模板，包括餐饮（单店，多店版）、婚庆、旅游、运动、美容、房地产、家居、医药、母婴、摄影、社区、酒店、KTV、汽车、资讯，更多的行业模板也将在近期持续上线。

这些小程序行业模板，可以帮助企业拓宽资源整合渠道，降低运营成本，提高管理效率，最终实现线上线下闭环营销，快速变现。

3．丰富的功能组件和强大的管理后台

“即速应用”的功能组件和管理后台也非常实用。例如，到店体系，可以实现小程序电子点餐、排队预约和线上快速结算；社区体系，可以实现小程序评论留言和话题管理；多商家系统，可以实现小程序分店统一管理，多门店统一运营；营销工具，可以实现小程序会员卡、优惠券和积分等营销方式。这些功能，都可以根据实际情况解决商家的不同需求。

“即速应用”目前有4个版本，分别为基础版、高级版、尊享版和旗舰版。基础版免费，适合个人小程序制作，其他3个版本可根据功能不同满足不同企业需求。

“即速应用”的应用范围主要包括以下类型。

- 资讯类：新闻、媒体。
- 电商类：网购（服装、电器、读书、母婴……）。
- 外卖类：餐饮及零售。
- 到店类：餐饮。
- 预约类：酒店、KTV、家教、家政、其他服务行业。

5.1.2 即速应用界面介绍

登录即速应用官网www.jisuapp.cn，首先进行注册。点击“注册”选项，填写相应信息，完成注册，如图5-1所示。注册完成后，点击“登录”选项，即可使用即速应用了。

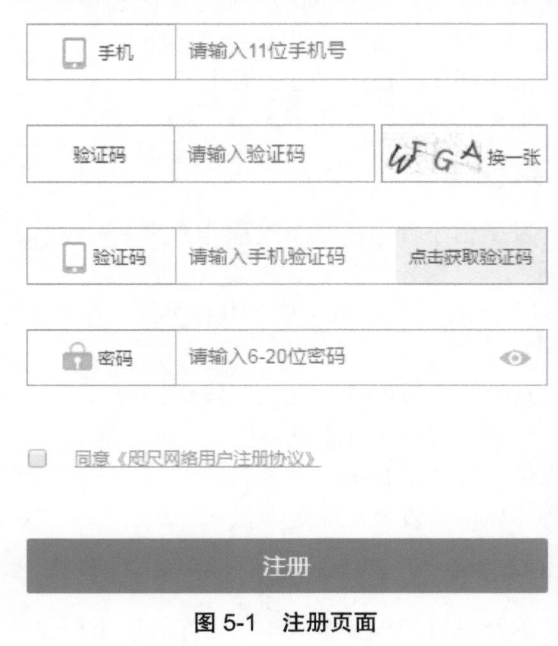

图5-1　注册页面

点击“空白模板”进入“即速应用”主界面，如图 5-2 所示。

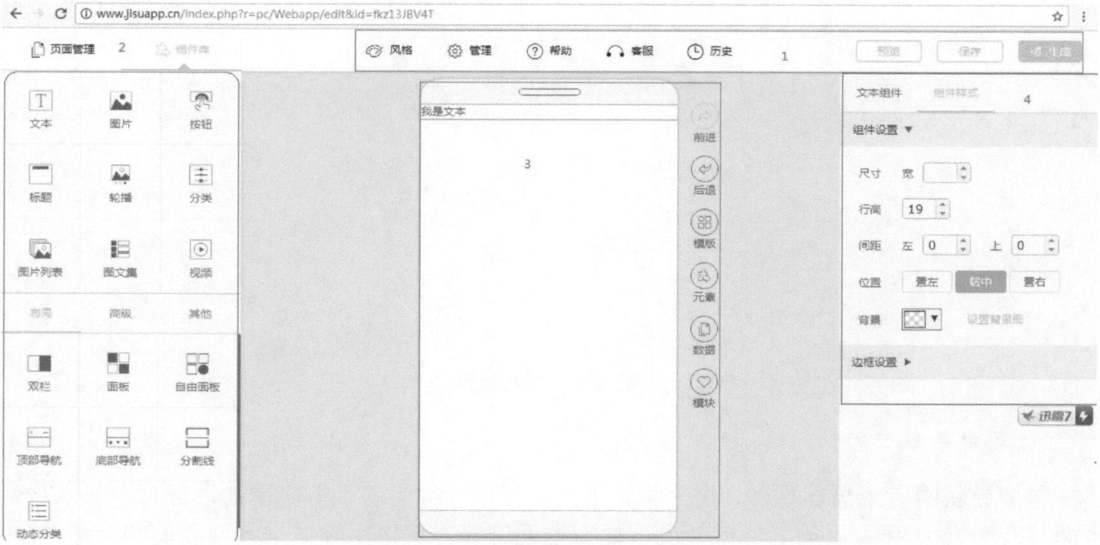

图 5-2　“即速应用”主界面

主界面主要包括 4 个区域，分别为菜单栏、工具栏、编辑区和属性面板。

菜单栏中的“风格”选项用来设置小程序页面风格，“管理”选项用来进入后台管理页面，“帮助”选项用来提示帮助功能，“客服”选项用于进入客服界面，“历史”选项用来恢复前项操作，“预览”选项用于在 PC 端预览制作效果，“保存”选项用于保存已制作的内容，“生成”选项用来实现小程序打包上线设置。

工具栏包括“页面管理”“组件库”两个选项卡。“页面管理”可以实现添加页面和添加分组以及对某一页面改名、收藏、复制、删除等操作。“组件库”中有 9 个基础组件、7 个布局组件、18 个高级组件和 2 个其他组件。

编辑区是用来制作小程序页面的主要区域，通过拖曳组件实现页面制作。右边的“前进”“后退”选项可进行恢复操作，“模板”选项可用来选择模板，“元素”选项用来显示页面中的组件及其层次关系，“数据”选项用来进行页面数据管理，“模块”选项可用来选择模块。

“属性”面板包括“文本组件”和“组件样式”两个选项卡。“文本组件”选项卡用来设置组件内容及点击事件，“组件样式”选项卡用来设置组件的样式，不同组件有不同样式需要设置。

5.2　即速应用组件

5.2.1　布局组件

布局组件用来设计页面布局，主要包括双栏、面板、自由面板、顶部导航、底部导航、分割线和动态分类，如图 5-3 所示。

图 5-3　布局组件

1．顶部导航

顶部导航固定于页面顶部，用来编辑顶部的导航。常用的手机应用的顶部都有一条导航，上面写有手机应用 App 的名称或 logo，还有返回键等。可以用导航来实现我们的页面名称和跳转。其属性面板设置如图 5-4 所示。

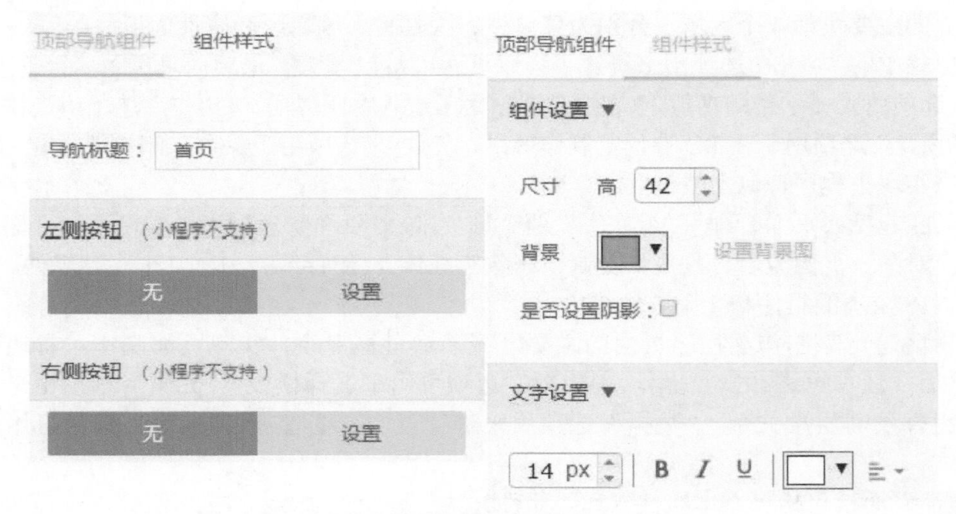

图 5-4　顶部导航属性面板设置

2．底部导航

底部导航固定于页面底部，用来编辑底部的导航。其属性面板设置如图 5-5 所示。

通过“底部导航组件”属性面板可以添加、删除标签，同时可分别设置每个标签的名称、原始图片、按下图片及连接至某一页面；通过“组件样式”面板可以进行组件背景色、图片及文字的设置。制作效果如图 5-6 所示。

3．双栏

双栏组件用来整体布局，它把一个区块分为两部分，操作时显示一个分隔的标志，便于操作，预览时则不会出现。双栏默认每个栏占 50%，当然，百分比是可以调整的。双栏里面

图 5-5　底部导航属性面板设置

图 5-6　底部导航制作效果

可以添加基本的组件，从而达到一个整体的布局效果。双栏也可以进行嵌套，也就是一个双栏中再嵌入一个双栏，这样就可以将页面分成三部分了，当然要分成四部分则可以在另一栏再嵌套一个。其属性面板如图 5-7 所示。

图 5-7　双栏属性属性面板

4．面板

面板就相当于一个大的画板，用户可以将很多基本甚至高级的组件（包括文本组件、图片组件、按钮组件、标题组件、分类组件、音频组件、双栏组件、计数组件等）放到里面一起管理，用这个大的画板统一设置属性。面板组件的属性面板如图 5-8 所示。

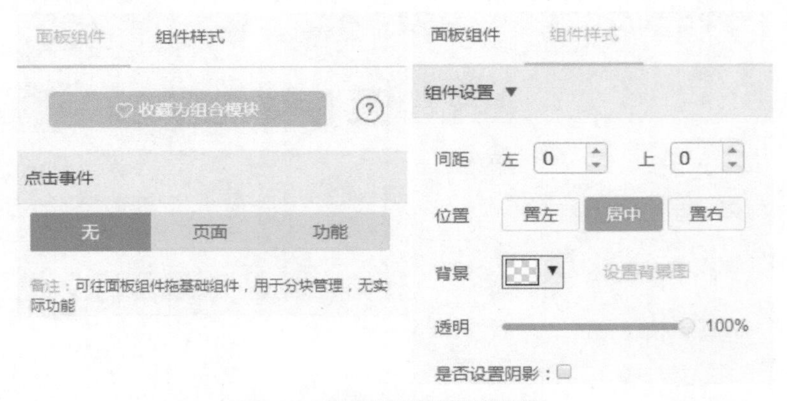

图 5-8　面板组件的属性面板

5．自由面板

自由面板中的组件可以在面板内自由拖动、拖拉以及调节组件大小。另外，向自由面板内既可拖入部分组件（包括文本组件、图片组件和按钮组件），也可拖入任意相关容器组件，用于不规则布局。自由面板组件的属性面板如图 5-9 所示。

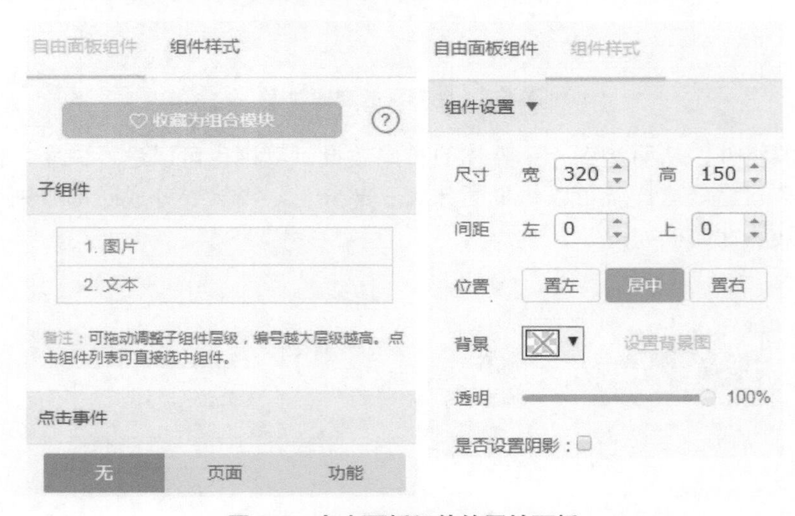

图 5-9　自由面板组件的属性面板

6．分割线

分割线组件放置于任意组件之间，以实现分割功能。其属性面板如图 5-10 所示。

7．动态分类

此组件可通过选择“动态分类组件”样式，实现顶部分类以及侧边栏分类展示应用数据、商品数据等效果。“动态分类组件”中的二级有图模式只适用于电商。其属性面板如图 5-11 所示。

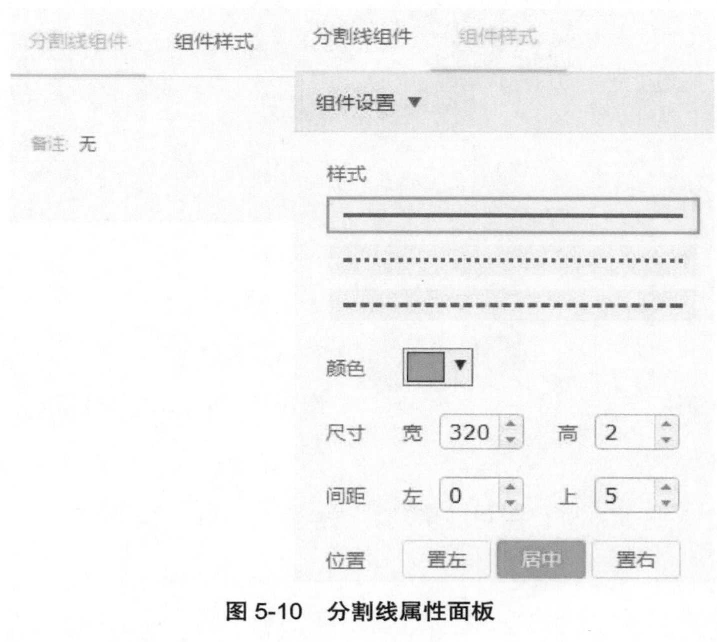

图 5-10　分割线属性面板

图 5-11　动态组件属性面板

5.2.2　基本组件

基本组件是小程序页面常用组件，包括文本、图片、按钮、标题、轮播、分类、图片列表、图文集和视频，如图 5-12 所示。

1．文本组件

文本组件用来实现文字展示或设置点击事件，是小程序页面中最常用的组件，其属性面板如图 5-13 所示。

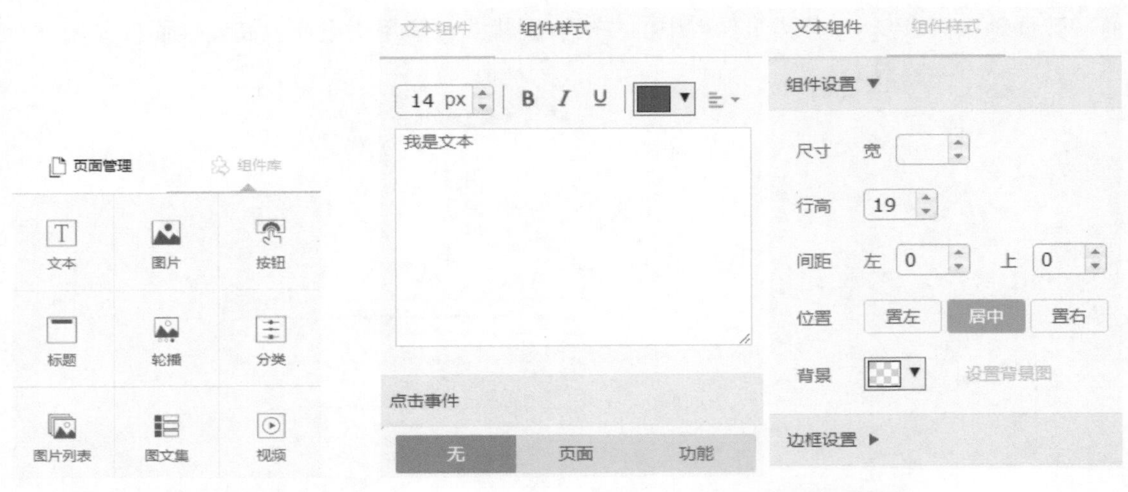

图 5-12　基本组件　　　　图 5-13　文本组件属性面板

2．图片组件

图片组件用来在页面中进行图片展示，其属性面板如图 5-14 所示。

图 5-14　图片组件属性面板

3．按钮组件

按钮组件用来在页面中放置按钮，其属性面板如图 5-15 所示。

4．标题组件

标题组件用来在页面中放置标题，其属性面板如图 5-16 所示。

图 5-15　按钮组件属性面板

图 5-16　标题组件属性面板

5．轮播组件

轮播组件用来实现图片的轮播展示，相当于 banner。轮播组件需要绑定轮播分组，轮播分组需要在管理后台设定。其属性面板如图 5-17 所示。

点击“添加轮播分组”按钮进入管理后台，再点击“新建分组”可以创建轮播分组，如图 5-18 所示。

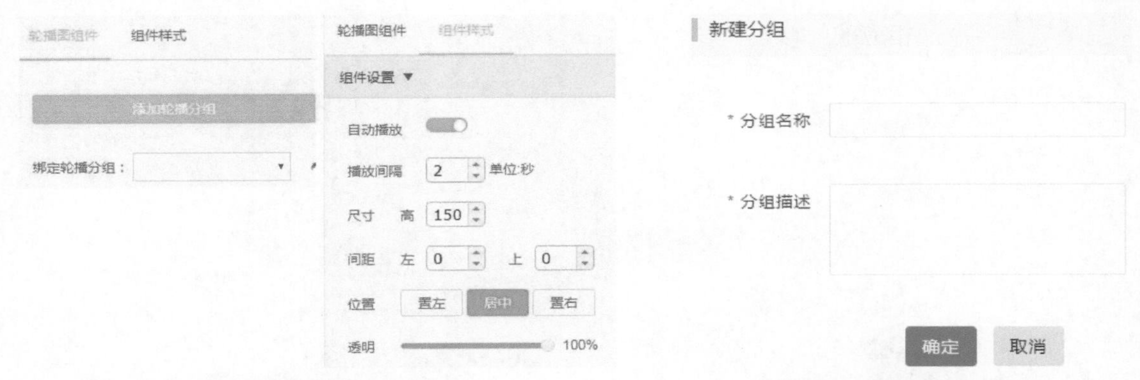

图 5-17　轮播组件属性面板　　　图 5-18　新建轮播分组

成功创建轮播分组后，管理后台如图 5-19 所示。

轮播管理

分组名称	描述	操作	管理
首页轮播	首页轮播	编辑　删除	轮播项

图 5-19　添加成功轮播分组后的管理后台

点击“轮播项”按钮，出现图 5-20 所示的界面。

图 5-20　轮播项

点击“添加轮播”按钮，出现如图 5-21 所示界面，进行轮播项的设置。

图 5-21　添加轮播界面

根据需要添加相应的轮播后，界面如图 5-22 所示。

图 5-22　添加轮播项后的界面

返回属性面板页面，在“绑定轮播分组”下拉列表中选定相应的轮播分组，点击“预览”按钮，效果如图 5-23 所示。

图 5-23　轮播组件预览效果

6．分类组件

分类组件可以设置不同内容展示于不同类别中，可以添加、删除分类及进行相应的设置。分类组件属性面板如图 5-24 所示。

图 5-24　分类组件属性面板

7. 图片列表组件

想要以列表的形式展示图片，可以在图片列表组件中设置图片名称、标题和点击事件。其属性面板如图 5-25 所示。

添加“女装”分组，在此分组内添加全部、羽绒服、毛衣、半身裙四个页面，在每个页面内添加分类和图片列表组件，如图 5-26 所示。

图 5-25　图片列表组件属性面板

图 5-26　添加“女装”分组页面

分别对这 4 个页面进行分类和图片设置，最终效果如图 5-27 所示。

图 5-27　分类及图片列表组件效果

8. 图文集组件

图文集组件用来实现展示图片、标题和简介，其属性面板如图 5-28 所示。

9. 视频组件

视频组件用来展示视频，其属性面板如图 5-29 所示。

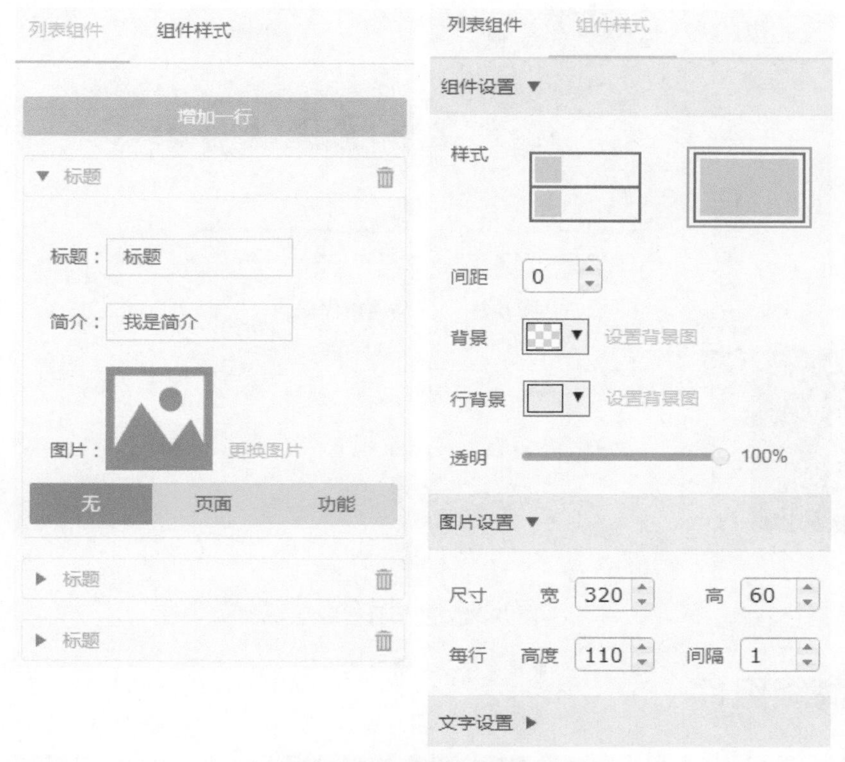

图 5-28 图文集组件属性面板

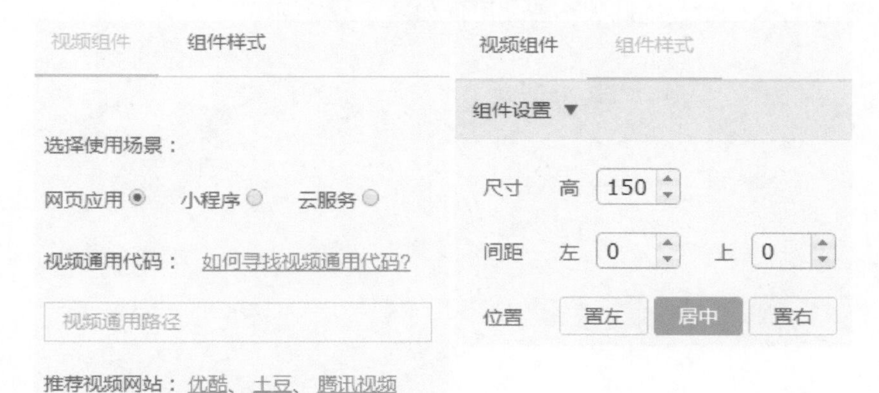

图 5-29 视频组件属性面板

视频组件提供网页应用、小程序和云服务三种视频来源，“网页应用”使用视频通用代码来确定视频来源，推荐使用优酷、土豆、腾讯视频网站，我们以优酷网站为例，打开优酷网站，查找需要的视频，找到并分享给朋友。点击下拉框，通用代码就显示出来了，如图 5-30 所示。

点击“复制”按钮，复制通用代码，最后把复制好的通用代码粘贴到“视频通用路径”代码框内即可。

云服务方式需要在管理后台添加“视频项目”“视频列表”并上传相应的视频文件（.mp4 格式），如图 5-31 所示。

图 5-30　优酷通用代码

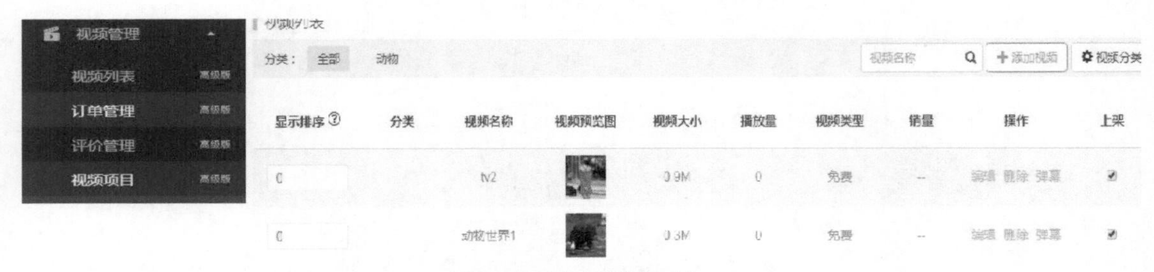

图 5-31　视频管理后台

5.2.3　高级组件

高级组件需要后台数据，通过设置后台数据实现数据后台化，方便小程序数据随时更新，及时修改，其中有 6 个组件基础版不能使用，如图 5-32 所示。

图 5-32　高级组件

1．动态列表

动态列表组件是容纳基础组件来展示后台数据的容器，通过添加基础组件来展示对应后台数据，其属性面板如图 5-33 所示。

要使用动态列表必须在后台进行数据管理，在菜单栏中点击“管理”进入管理后台，如图 5-34 所示。

单击“新增数据对象”按钮，打开“数据对象列表”页面，如图 5-35 所示。

点击“添加字段”按钮，添加相应字段，如图 5-36 所示。

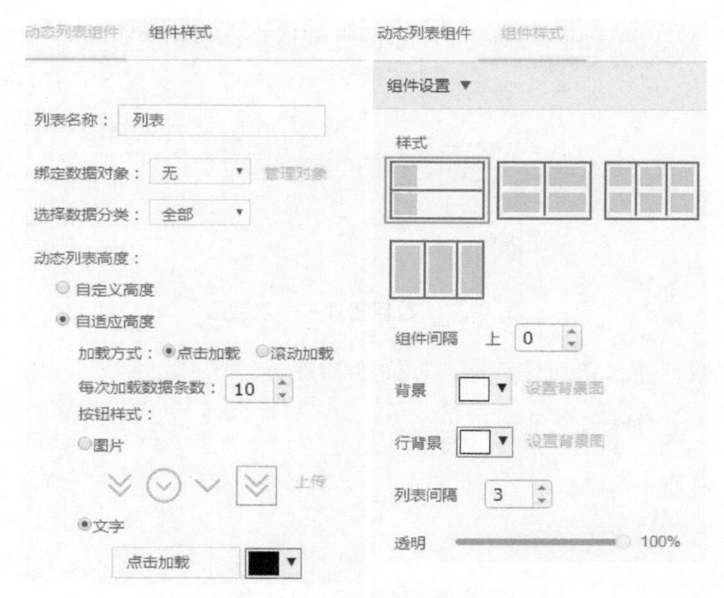

图 5-33　动态列表属性面板

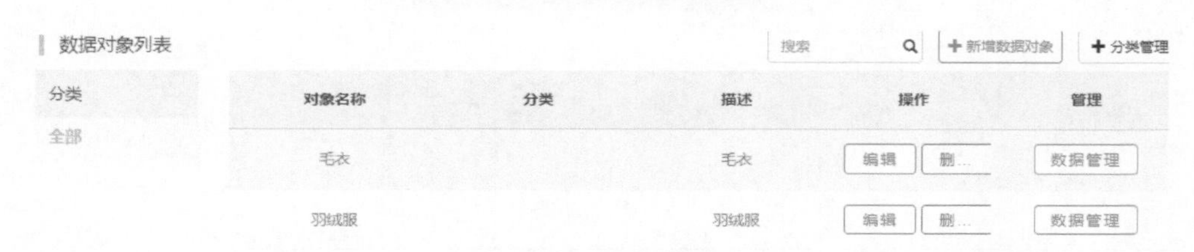

图 5-34　管理后台

图 5-35　“数据对象列表”页面

图 5-36　添加字段

点击“保存”按钮并返回至图 5-34 所示的管理后台，点击“数据管理”按钮，打开如图 5-37 所示页面。

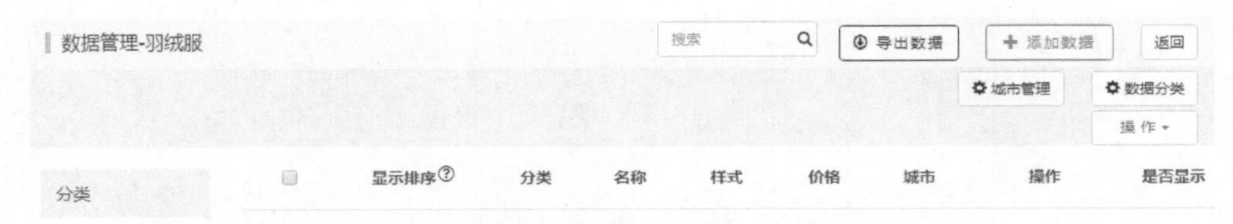

图 5-37 数据管理——羽绒服

点击“+添加数据”按钮新建数据，如图 5-38 所示。

图 5-38 添加数据

添加相应数据并保存，继续添加所需数据，最终的管理后台如图 5-39 所示。

图 5-39 添加数据后的管理后台

退回到编辑页面，为了方便布局，拖曳自由面板中的组件到动态列表中，然后拖曳一个图片和两个文本组件到自由面板组件中，如图 5-40 所示。

在动态列表属性面板的“绑定数据对象”中选择“羽绒服”数据对象，同时图片组件中“绑定数据对象字段”设为“样式”，文本组件中分别将“绑定数据对象字段”设为“名称”和“价格”，如图 5-41 所示。

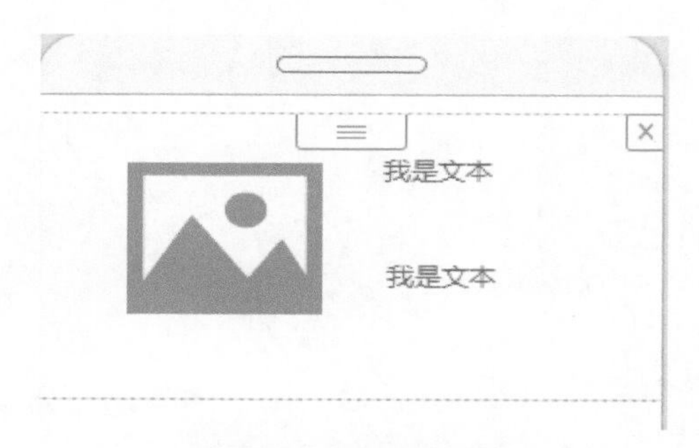

图 5-40 动态列表

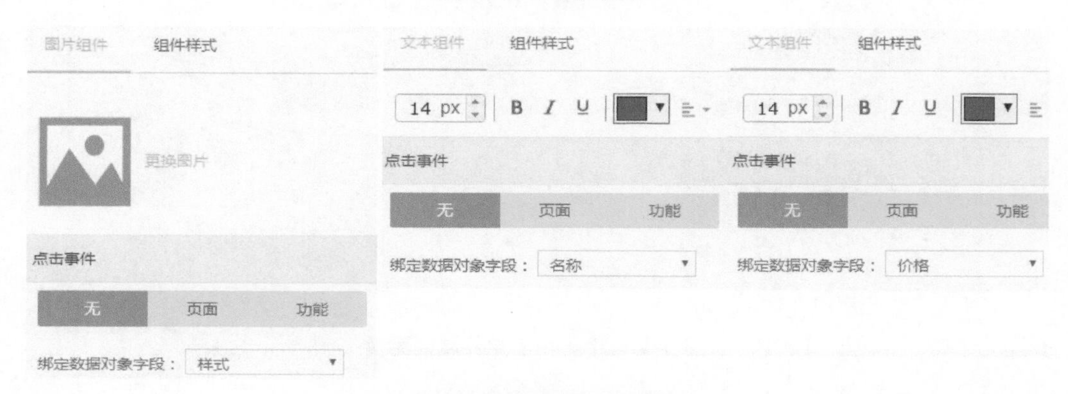

图 5-41 绑定数据对象字段

动态列表最终的效果如图 5-42 所示。

2．个人中心

个人中心组件显示个人相关信息的组件，包括我的图像、昵称、我的订单、收货地址、购物车等，如图 5-43 所示。

图 5-42 动态列表最终的效果

图 5-43 个人中心组件

其属性面板如图 5-44 所示。

图 5-44　个人中心组件属性面板

3．动态表单

动态表单相当于 HTML 中的<form>标签，是一个容器组件，可以添加表单子组件和基本组件，用来收集用户提交的相关信息给后台数据对象。其属性面板如图 5-45 所示。

图 5-45　动态表单属性面板

在编辑页面，添加相应的动态表单及子表单，动态表单前端如图 5-46 所示。

点击图 5-45 中的“管理对象”，添加数据对象列表，如图 5-47 所示。

图 5-46 动态表单前端

图 5-47 添加数据对象列表

前端提交相关数据后，可通过后台进行查看并统计，如图 5-48 所示。

数据管理-表单1　　搜索　　导出

分类
全部

	显示排序	分类	手机号	技能	服务	评分
	0		33333	技能熟练		2
	0		22222	热情服务		3
	0		11111	技能熟练		4

图 5-48 后台数据

4．评论

评论组件是提供信息发布或回复信息的组件，评论组件及其属性面板如图 5-49 所示。

图 5-49 评论组件及其属性面板

注意：在评论样式中，“是否关联页面”选项，表示关联页面后，如果该页面是动态页，评论属于该动态页对应的数据；如果该页面不是动态页，评论属于该页面。若未选中，即不关联页面的话，评论属于该小程序。“是否开启点赞功能”选项，选中后用户可以给每个评论点赞。

5．计数

计数组件可用于点赞、统计浏览量等类似的计数功能。计数组件及属性面板如图 5-50 所示。

图 5-50 计数组件及其属性面板

注意：在计数器组件中，“是否自动计数”选项，若选中用户浏览该页面时计数自动＋1。“是否关联页面”选项，选中该选项后，如果该页面是动态页，相关计数则属于该动态页对应的项；如果该页面不是动态页，相关计数则属于该页面。不关联页面的话，相关计数则属于该小程序。

6. 地图

地图组件用来显示指定地址的地图，还用来定位及导航功能，地图组件及属性面板如图 5-51 所示。

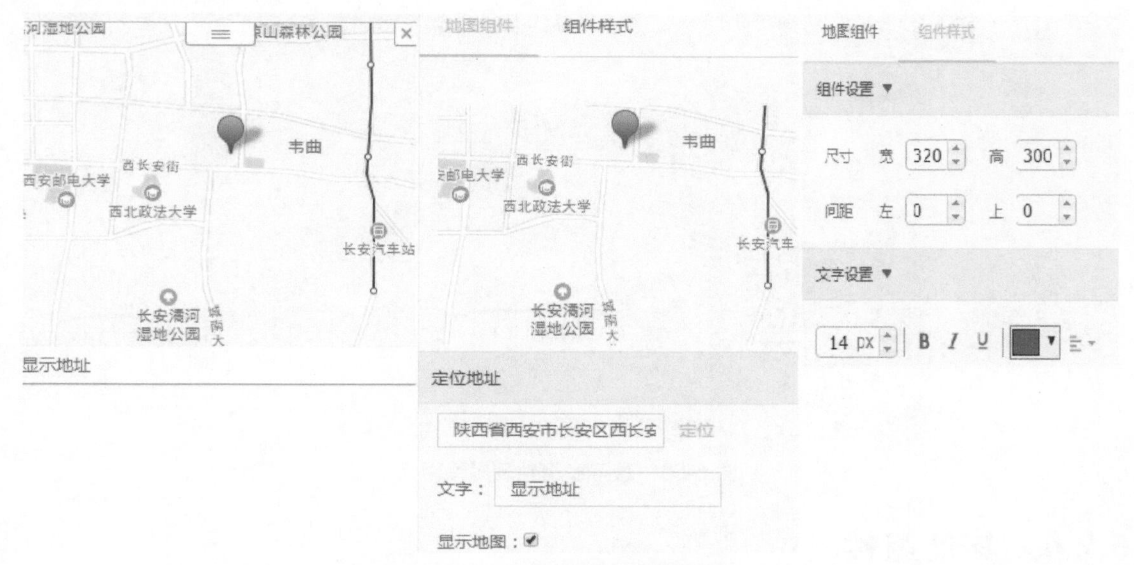

图 5-51　地图组件及属性面板

7. 城市定位

城市定位组件通常与列表搭配使用，常见搭配如动态列表和商品列表。以商品列表为例，可实现通过定位搜索出某具体位置信息下的商品结果。其组件及属性面板如图 5-52 所示。

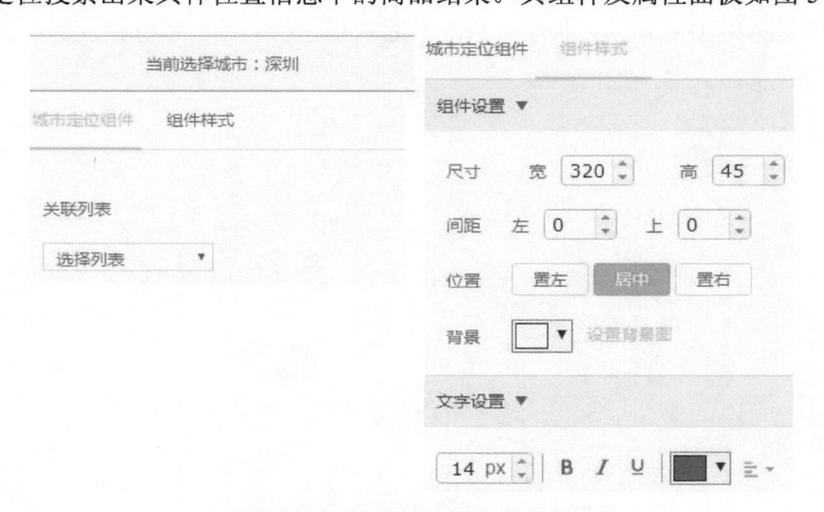

图 5-52　城市定位组件及属性面板

8. 悬浮窗

悬浮窗组件固定的搭配有客服、我的订单、购物车、回到顶部，通常放于个人中心或商品列表页面，其组件及属性面板如图 5-53 所示。

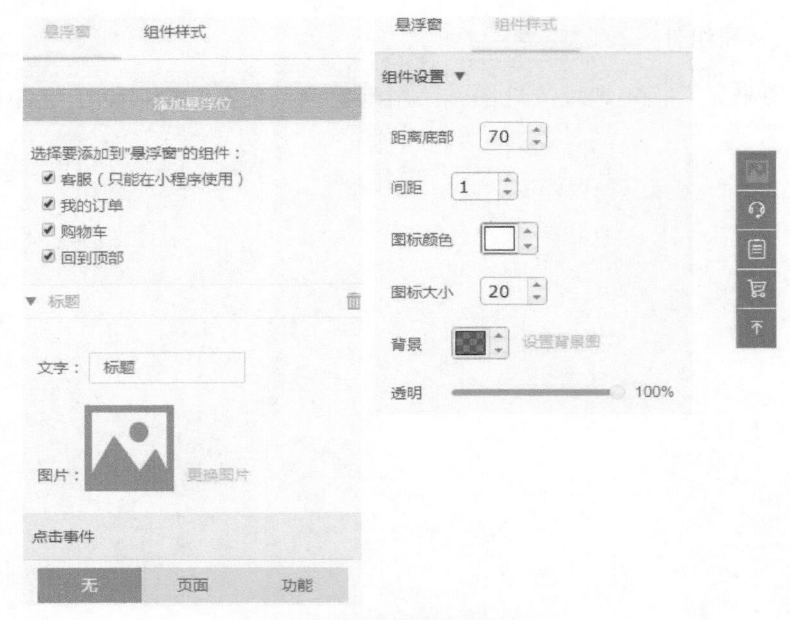

图 5-53　悬浮窗组件及属性面板

5.2.4　其他组件

其他组件包括音频组件和动态容器组件。

1．音频

音频组件用于播放音乐，每个页面建议有一个音频组件即可，需手动点击播放。音频文件可以选择音频库中的音乐，也可以上传本地音频进行更换，其组件及属性面板如图 5-54 所示。

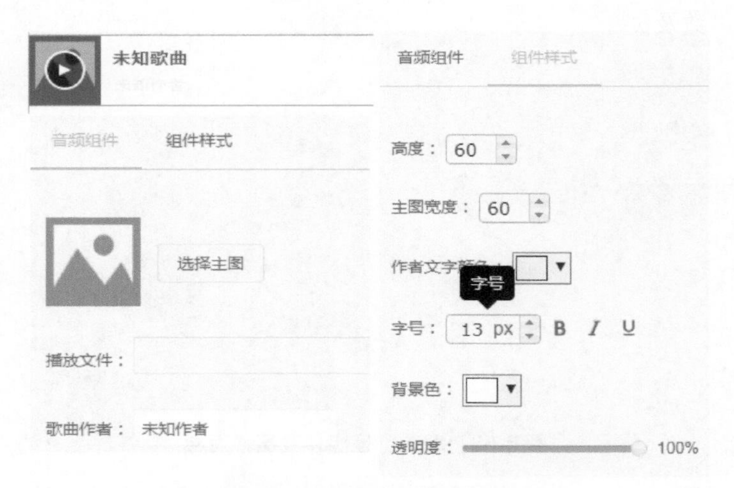

图 5-54　音频组件及属性面板

2．动态容器

动态容器用于动态页，即所在页面绑定了数据对象，可往里拖曳部分组件（包括文本组件、图片组件、按钮组件、标题组件、分类组件、音频组件、双栏组件、计数组件），其中文本组件和图片组件可以绑定相应的数据对象字段（填充相应动态数据），若有计数组件则会自动与动态容器关联，其组件及属性面板如图 5-55 所示。

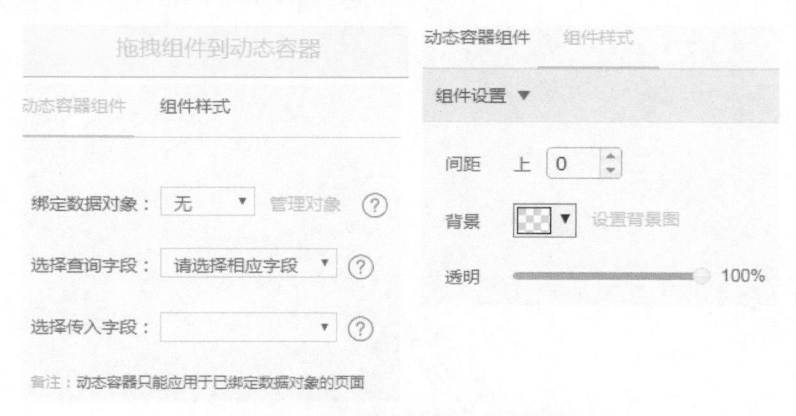

图 5-55 动态容器组件及属性面板

5.3 即速应用后台管理

即速应用后台提供了非常强大的后台管理，开发者在后台直接进行修改操作，就可以让数据随时更新，并且可以通过后台来查看小程序数据管理、用户管理、商品管理、营销工具、多商家管理等功用。

1. 数据总览

数据总览包括访客分析、传播数据等功能，还提供小程序总浏览量、昨天/今天访问量、总用户量、总订单数及浏览量曲线图，如图 5-56 所示。

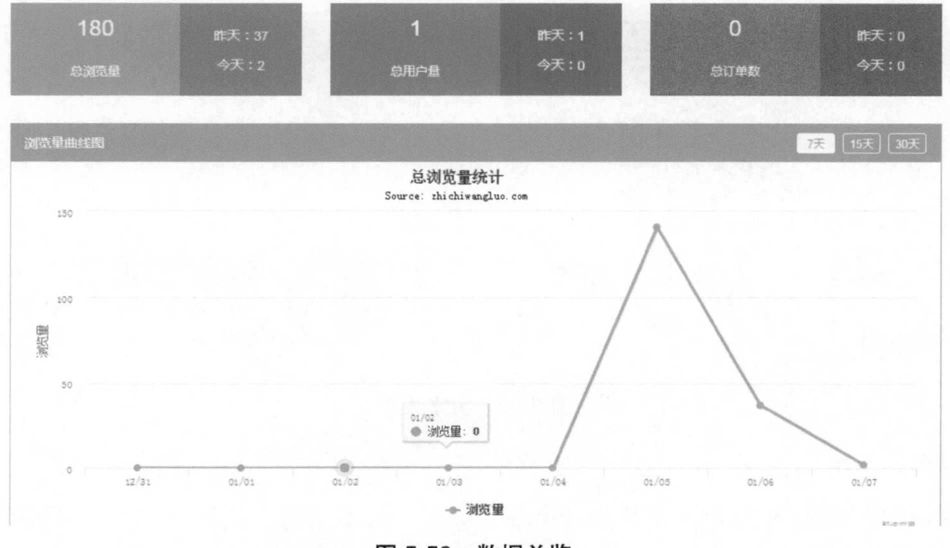

图 5-56 数据总览

访客分析功能主要分析用户从微信哪个模块访问的次数及比例、用户来源地区、访问时间及使用设备以图例的形式展示，便于管理者更好地做好营销工作，如图 5-57 所示。

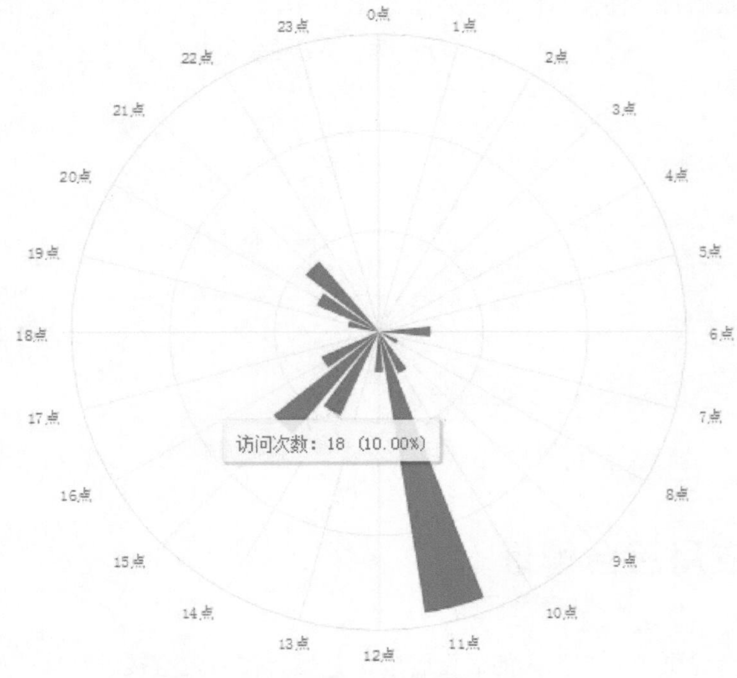

图 5-57　访客习惯

传播数据功能主要用来提供新老访客比及使用哪些主要平台打开应用的次数及占比。

2．分享设置

分享设置主要提供分享应用的方式，如图 5-58 所示。

图 5-58　分享设置

3．用户管理

用户管理主要用来实现对用户进行添加、分组、群发消息、储值金充值、赠送会员卡等操作，如图 5-59 所示。

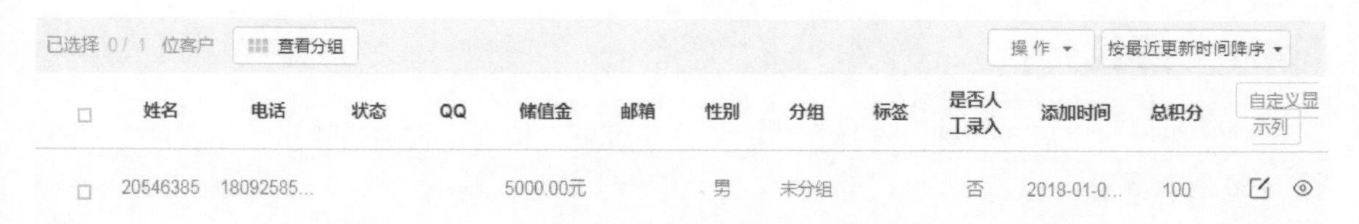

已选择 0 / 1 位客户
查看分组
操作
按最近更新时间降序
姓名
电话
状态
QQ
储值金
邮箱
性别
分组
标签
是否人工录入
添加时间
总积分
自定义显示列
20546385
18092585...
5000.00元
男
未分组
否
2018-01-0...
100

图 5-59　用户管理

4．应用数据

应用数据是后台管理的主要内容，前端组件（动态列表、动态表单）的数据都是通过在应用数据中的数据对象来管理的，类似于数据库存放数据。

5．轮播管理

轮播管理是前端轮播组件的后台数据管理器，通过软件管理来设置前端轮播组件来展示图片内容。

6．分类管理

分类管理可通过选择动态分类组件样式，实现顶部分类、侧边栏分类展示应用数据、商品数据等效果。

7．商品管理

商品管理是后台管理的主要内容，前端商品列表组件的数据来源于后台商品管理，并且商品管理可以管理商品列表、积分商品、位置管理、支付方式、订单管理、拼团订单管理、订单统计、账单明细、运费管理和评价管理功能。

8．经营管理

经营管理主要包括子账号管理、手机端 CRM 管理和短信接收管理，主要帮助管理者方便管理小程序的运营。

9．营销工具

营销工具是小程序营销推广的有力工具，主要有会员卡、优惠券、积分、储值、推广、秒杀、集集乐、拼团活动、大转盘、砸金蛋、刮刮乐等。所有这些工具都需要事前在后台设置好，才能在活动中发挥好使用。

10．多商家管理

多商家管理是即速应用为如“华东商城”“义乌商城”等拥有众多商家的商城开设的功能，方便统计每家店铺的订单及收益分析。

5.4　打包上传

即速应用打包小程序的代码包，该代码包可通过微信开发者工具对接微信小程序。

5.4.1 打包

进入即速应用后台管理，选择左边的“分享设置”选项，再点击“微信小程序”，出现图 5-60 所示界面。

图 5-60 打包微信小程序界面

选择“代码包下载”，再点击“确定”按钮，出现图 5-61 所示页面。

打包微信小程序

小程序信息 打包中 打包完成

请在“微信公众平台 - 小程序 - 设置 - 开发设置”，填写以下信息

* AppID(小程序ID) （查看教程）

* AppSecret(小程序密钥) （查看教程）

* 服务器配置 小程序域名配置（请配置为 https://xcx.zhichiweiye.com） （查看教程）

选择分类 请选择

审核通过之后，您可以在小程序商店中的对应的分类中查看

我还没有注册微信小程序 去注册>>>

打包

图 5-61 打包微信小程序设置

通过“微信公众平台-设置-开发设置”获取 AppID（小程序 ID）和 AppSecret（小程序

密钥)，在“服务器配置”中填写相应域名配置，再选择相应分类，点击“打包”按钮，最终生成如图 5-62 所示的页面。

图 5-62　微信小程序打包生成的页面

点击“下载”按钮，下载小程序包。

5.4.2　上传

打开微信 Web 开发者工具，新建项目，并填写相应内容，其中“项目目录”为下载包解压后的目录，如图 5-63 所示。

图 5-63　小程序项目

点击“确定”按钮，打开小程序代码，编译无误后，点击“上传”按钮实现代码上传，然后填写相应信息（如版本号、项目备注），点击“上传”按钮即可，如图 5-64 所示。

图 5-64　上传

上传成功后，打开“微信公众平台”，然后点击“开发管理”，在打开的页面中可以看到已经上传的信息，如图 5-65 所示。

图 5-65　开发管理-开发版本

点击“提交审核”按钮，若审核通过后，开发版本将变为“审核版本”，继续点击“提交审核”，最终变为“线上版本”，可通过微信→发现→小程序中搜索到该小程序。

本章小结

本章主要讲解微信小程序第三方工具——即速应用，首先介绍即速应用的优势及特点，其次重点介绍即速应用的布局组件、基础组件、高级组件和其他组件，最后介绍即速应用后台管理及打包上传功能。通过该章节的学习为使用即速应用制作各类小程序打下坚实基础。即速应用知识体系如图 5-66 所示。

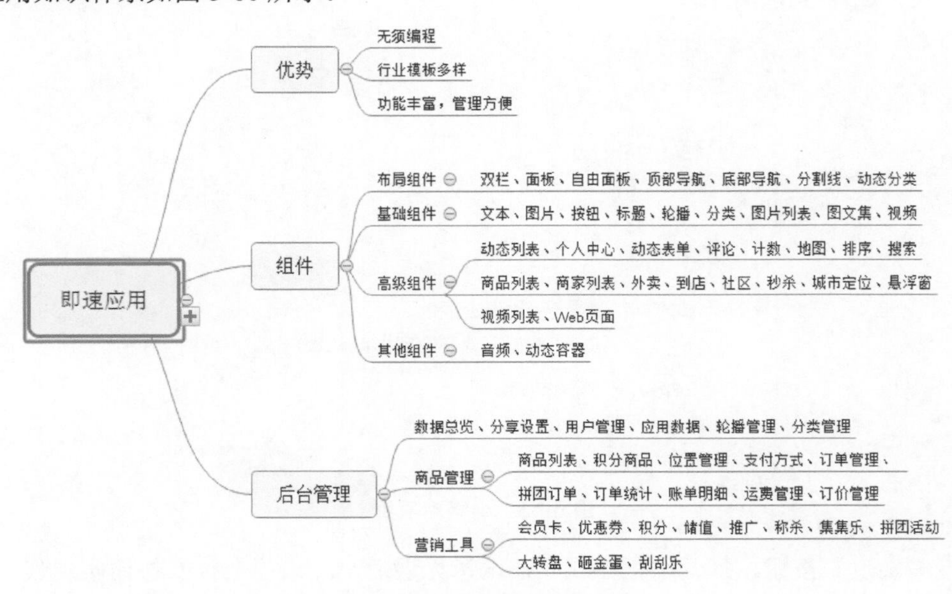

图 5-66　即速应用知识体系

思考练习题

一、选择题

1. 以下哪些是微信小程序第三方服务（　　）。

   A. 即速应用　　B. 直达客　　C. 小云社群　　D. 通晓程序

2. 即速应用双栏组件中能否再进行分栏（　　）。

   A. 可以　　B. 不可以

3. 轮播组件能否设置轮播的时间间隔（　　）。

   A. 可以　　B. 不可以

4. 在商品列表组件中是否需要用户创建详情页（　　）。

   A. 是　　B. 否

5. 在秒杀组件中的商品是否需要在商品列表中添加（　　）。

   A. 是　　B. 否

二、操作题

1. 应用即速应用制作如图 5-67 所示小程序页面。
2. 利用即速应用制作如图 5-68 所示页面。

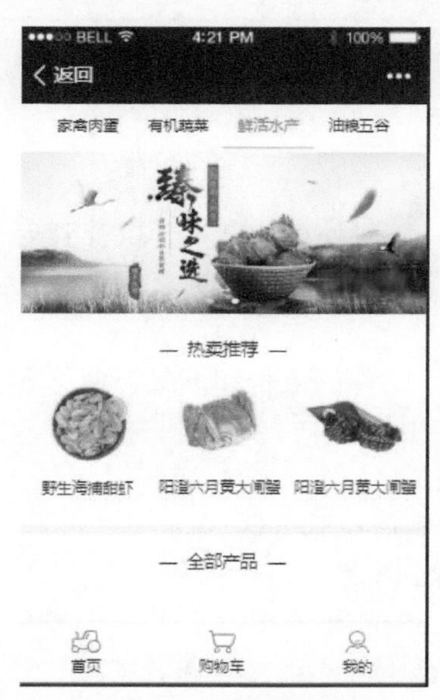

图 5-67　小程序页面 1

图 5-68　小程序页面 2

第 6 章　API 应用

学习目标：

- 掌握各种网络 API
- 掌握多媒体 API
- 掌握文件 API
- 掌握本地数据及缓存 API
- 掌握位置 API
- 掌握设备信息 API

6.1　网络 API

微信小程序处理的数据通常要从后台服务器中获取，同时处理的结果要保存到后台服务器中，这就要求微信小程序要有与后台进行交互的方法。微信原生 API 接口或第三方 API 提供了各类接口以实现前台端进行交互。

网络 API 可以帮助开发者实现网络 URL 访问调用、文件的上传和下载、网络套接字的使用等功能处理。微信开发团队提供了以下 10 个网络 API 接口：

- wx.request（Object）接口用于发起 HTTPS 请求。
- wx.uploadFile（Object）接口用于将本地资源上传到后台服务器。
- wx.downloadFile（Object）接口用于下载文件资源到本地。
- wx.connectSocket（Object）接口用于创建一个 WebSocket 连接。
- wx.sendSocketMessage（Object）接口实现通过 WebSocket 连接发送数据。
- wx.closeSocket（Object）接口用于关闭 WebSocket 连接。
- wx.onSocketOpen（CALLBACK）接口用于监听 WebSocket 连接打开事件。
- wx.onSocketError（CALLBACK）接口用于监听 WebSocket 错误。
- wx.onSocketMessage（CALLlBACK）接口用于实现监听 WebSocket 接受到服务器的消息事件。
- Wx.onSocketClose（CALLBACK）接口用于实现监听 WebSocket 关闭。

6.1.1 wx.request（Object）

wx.request（Object）接口用于实现向服务器发送请求、获取数据等各种网络交互操作。一个微信小程序同时只能有 5 个网络请求连接，并且发送的请求是 HTTPS 请求。

wx.request（Object）接口参数如表 6-1 所示。

表 6-1　wx.request（Object）接口参数

参数名	类型	必填	说明
url	String	是	开发者服务器接口地址
data	Object/String/ArrayBuffer	否	请求的参数
header	Object	否	设置请求的 header，不能设置 Referer
method	String	否	有效值：GET、POST、OPTIONS、HEAD、PUT、DELETE、TRACE、CONNECT，默认为 GET
success	Function	否	收到开发服务器成功返回的回调函数，包括：data、statusCode、header
fail	Function	否	接口调用失败的回调函数
complete	Function	否	接口调用结束的回调函数（不管成功、失败都会执行）

例 1： 通过 wx.request( ) 获取 https://www.baidu.com 的数据。

示例代码如下：

```
    //baidu.wxml
    <button type="primary"bindtap="getbaidutap">获取 HTML 数据</button>
    <textarea value='{{html}}'auto-heightmaxlength='0'></textarea>
    //baidu.js
Page({
    data:{
        html:''
    },
    getbaidutap:function()
        { varthat=this;
        wx.request({
            url:'https://www.baidu.com',//百度网址
            data:{},//发送数据为空
            header:{'Content-Type':'application/json'},
            success:function(res){
                console.log(res);
                that.setData({
                html:res.data
                })
            }
        })
    }
})
```

wx.request 获取百度首页数据运行效果如图 6-1 所示。

例 2： 通过 wx.request( ) 的 GET 方法获取邮政编码所对应地址信息。

```
   //postcode.wxml
<view>邮编:</view>
<input type="text" bindinput="input" placeholder='6 位邮编'/>
<button type="primary" bindtap="find">查询</button>
```

```
••••• WeChat    17:38    100%
request
获取HTML数据
<html>
<head>
    <script>
        location.replace(location.hre
f.replace("https://","http://"));
    </script>
</head>
<body>
    <noscript><meta http-equiv="ref
resh" content="0;url=http://www.baid
u.com/"></noscript>
</body>
</html>
```

图 6-1　wx.request 获取百度首页数据运行效果

```
<block wx:for="{{address}}">
    <block wx:for="{{item}}">
        <text>{{item}}</text>
    </block>
</block>

//postcode.js
Page({
    data:{
        postcode:'',//查询的邮编
        address:[],//邮编对应的地址
        errMsg:'',//错误信息
        error_code:-1//错误码
    },
    input:function(e){  //input 事件
        this.setData({
            postcode:e.detail.value,
        })
        console.log(e.detail.value)
    },
    find:function(){    //查询事件
    varpostcode=this.data.postcode;
    if(postcode!=null&&postcode!= ""){
        varself=this;
        //显示 toast 提示消息
        wx.showToast({
            title:'正在查询,请稍候....',
            icon:'loading',
            duration:10000
        });
        wx.request({
            url:'https://v.juhe.cn/postcode/query',//第三方后台服务器
            data:{
                'postcode':postcode,
                'key':'0ff9bfccdf147476e067de994eb5496e'//第三方提供
            },
            header:{
            'Content-Type':'application/json',
            },
            method:'GET',//方法为 GET
        success:function(res){
```

```
            wx.hideToast();//隐藏 toast
            if(res.data.error_code==0){
            console.log(res);
            self.setData({
               errMsg:'',
               error_code:res.data.error_code,  //错误代码
               address:res.data.result.list      //获取到的数据
               })
            }
            else{
            self.setData({
               errMsg:res.data.reason||res.data.reason,//错误原因分析
               error_code:res.data.error_code
            })
         }
         }
         })
         }
      }
})
```

wx.request GET 方法获取数据运行效果如图 6-2 所示。

图 6-2 wx.request GET 方法获取数据运行效果

例 3：通过 wx.request( ) 的 POST 方法获取邮政编码对应的信息。

示例代码如下：

```
//postcode.wxml
<view>邮编:</view>
<input type="text" bindinput="input"placeholder='6 位邮编'/>
<button type="primary" bindtap="find">查询</button>
<blockwx:for="{{address}}">
   <blockwx:for="{{item}}">
      <text>{{item}}</text>
   </block>
</block>

//postcode.js
Page({
   data:{
      postcode:'',//查询的邮编
      address:[],//邮编对应的地址
      errMsg:'',//错误信息
```

```
        error_code:-1//错误码
    },
    input:function(e){  //input 事件
        this.setData({
            postcode:e.detail.value,
        })
        console.log(e.detail.value)
    },
    find:function(){     //查询事件
    var postcode=this.data.postcode;
    if(postcode!=null && postcode!= ""){
        varself=this;
        //显示 toast 提示消息
        wx.showToast({
            title:'正在查询,请稍候....',
            icon:'loading',
            duration:10000
        });
        wx.request({
            url:'https://v.juhe.cn/postcode/query',//第三方后台服务器
            data:{
                'postcode':postcode,
                'key':'0ff9bfccdf147476e067de994eb5496e'//第三方提供
            },
            header:{
                content-type':'application/x-www-form-urlencoded'
            },
            method:'POST',//方法为 POST
        success:function(res){
            wx.hideToast();//隐藏 toast
            if(res.data.error_code==0){
            console.log(res);
            self.setData({
                errMsg:'',
                error_code:res.data.error_code,    //错误代码
                address:res.data.result.list       //获取到的数据
                })
            }
            else{ self.se
            tData({
                errMsg:res.data.reason||res.data.reason,//错误原因分析
                error_code:res.data.error_code
            })
        }
        }
        })
        }
    }
})
```

wx.request POST 方法获取数据的运行效果同图 6-2 所示。

6.1.2 wx.uploadFile（Object）

wx.uploadFile( ) 用于将本地资源上传到开发者服务器，客户端发起一个 HTTPS POST 请求，其中 content-type 为 multipart/form-data。其属性如表 6-2 所示。

表 6-2　wx.uploadFile 属性

参　数	类　型	必　填	说　明
url	String	是	开发者服务器
filepath	String	是	要上传文件资源的路径
name	String	否	文件对应的 key，开发者在服务器端通过这个 key 可以获取到文件二进制内容
header	Object	否	HTTP 请求 header，header 中不能设置 Referer
formData	Object	否	HTTP 请求中其他额外的 formData
success	Function	否	接口调用成功的回调函数
fail	Function	否	接口调用失败的回调函数
complete	Function	否	接口调用结束的回调函数（调用成功、失败都会执行）

通过 wx.uploadFile( ) 实现图片上传到服务器，并显示。

示例代码如下：

```
//upload.wxml
<button type="primary" bindtap="uploadimage">上传图片</button>
<image src="{{img}}" mode="widthFix"   />
//upload.js
Page({
    data:{
      img:null,
    },
    uploadimage:function(){
    var that = this;
    //选择图片
    wx.chooseImage({
      success:function(res){
        var tempFilePaths = res.tempFilePaths
        upload(that,tempFilePaths);
      }
    })
    function upload(page,path){
      ////显示 toast 提示消息
      wx.showToast({
        icon:"loading",
        title:"正在上传"
        }),
      wx.uploadFile({
        url:"http://localhost/",
        filePath:path[0],
        name:'file',
      success:function(res){
        console.log(res);
        if(res.statusCode != 200){
           wx.showModal({
               title:'提示',
               content:'上传失败',
               showCancel:false
           })
           return;
        }
        var data = res.data
        page.setData({   //上传成功修改显示头像
          img:path[0]
```

```
          })
        },
        fail:function(e){
          console.log(e);
          wx.showModal({
            title:'提示',
            content:'上传失败',
            showCancel:false
          })
        },
        complete:function(){
        //隐藏 Toast
        wx.hideToast();
        }
      })
    }
  }
})
```

wx.uploadFile 示例运行效果如图 6-3 所示。

图 6-3　wx.uploadFile 示例运行效果

6.1.3　wx.downloadFile（Object）

wx.downloadFile( ) 用于实现从开发者服务器下载文件资源到本地，客户端直接发起一个 HTTPS GET 请求，返回文件的本地临时路径。其属性如表 6-3 所示。

表 6-3　wx.downloadFile 属性

参　数	类　型	必　填	说　明
url	String	是	下载资源的 URL
header	Object	否	HTTP 请求 header，header 中不能设置 Referer
success	Function	否	接口调用成功的回调函数
fail	Function	否	接口调用失败的回调函数
complete	Function	否	接口调用结束的回调函数（调用成功、失败都会执行）

例：通过 wx.downloadFile( ) 实现从服务器中下载图片，后台服务采用 WAMP 软件在本机搭建。

示例代码如下：

```
//downloadFile.wxml
<button type="primary" bindtap='downloadimage'>下载图像</button>
```

```
<image src="{{img}}" mode='widthFix' style="width:90%;height:500px"></image>
//downloadFile.js
Page({
  data:
  { img:null
  },
  downloadimage:function()
    { var that=this;
    wx.downloadFile({
      url: "http://localhost/1.jpg", //通过 WAMP 软件实现
      success: function(res)
        { console.log(res)
        that.setData({
          img: res.tempFilePath
        })
      }
    })
  }
})
```

wx.downloadFile 示例运行效果如图 6-4 所示。

图 6-4 wx.downloadFile 示例运行效果

6.2 多媒体 API

多媒体 API 包括图片 API、录音 API、音频播放控制 API。

6.2.1 图片 API

图片 API 可实现对相机拍照图片或本地相册图片进行处理，主要包括以下 4 个 API 接口。

- wx.chooseImage（Object）接口：用于从本地相册中选择图片或使用相机拍照。
- wx.previewImage（Object）接口：用于预览图片。
- wx.getImageInfo（Object）接口：用于获取图片信息。
- wx.saveImageToPhotosAlbum（Object）接口：用于保存图片到系统相册。

1. 选择图片或拍照

wx.chooseImage（Object）接口用于从本地相册选择图片或使用相机拍照。拍照时产生的

临时路径，在小程序本次启动期间可以正常使用，若要持久保存，需要主动调用 wx.saveFile 保存图片到本地。wx.chooseImage 接口参数属性如表 6-4 所示。

表 6-4　wx.chooseImage 接口参数属性

参　数	类　型	必　填	说　明
count	Number	否	最多可以选择的图片张数，默认 9
sizeType	StringArray	否	original 原图，compressed 压缩图，默认两者都有
sourceType	StringArray	否	album 从相册选图，camera 使用相机，默认两者都有
success	Function	是	成功则返回图片的本地文件路径列表 tempFilePaths
fail	Function	否	接口调用失败的回调函数
complete	Function	否	接口调用结束的回调函数（调用成功、失败都会执行）

若调用成功，则返回 tempFilePaths 和 tempFiles，tempFilePaths 表示图片在本地临时文件路径列表。tempFiles 表示图片的本地文件列表，包括 path 和 size。

示例代码如下：

```
wx.chooseImage({ count
    :2,//默认 9
    sizeType:['original','compressed'],//可以指定是原图还是压缩图,默认二者都有
    sourceType:['album','camera'],//可以指定来源是相册还是相机,默认二者都有
    success:function(res){
      //返回选定照片的本地文件路径列表,tempFilePath 可以作为 img 标签的 src 属性显示图片
      var tempFilePaths=res.tempFilePaths
      var tempFiles=res.tempFiles;
      console.log(tempFilePaths)
      console.log(tempFiles)
    }
})
```

2．预览图片

wx.previewImage（Object）接口用于预览图片。wx.previewImage 接口参数说明如表 6-5 所示。

表 6-5　wx.previewImage 接口参数说明

参　数	类　型	必　填	说　明
current	Number	否	当前显示图片的链接，不填则默认为 urls 的第一张
urls	StringArray	是	需要预览的图片链接列表
success	Function	否	接口调用成功的回调函数
fail	Function	否	接口调用失败的回调函数
complete	Function	否	接口调用结束的回调函数（调用成功、失败都会执行）

示例代码如下：

```
wx.previewImage({
    //默认显示第二张
    current:"http://bmob-cdn-16488.b0.upaiyun.com/2018/02/05/2.png",
    urls:["http://bmob-cdn-16488.b0.upaiyun.com/2018/02/05/1.png",
      "http://bmob-cdn-16488.b0.upaiyun.com/2018/02/05/2.png",
      "http://bmob-cdn-16488.b0.upaiyun.com/2018/02/05/3.jpg"
```

```
    ]
})
```

3．获取图片信息

wx.getImageInfo（Object）接口用于获取图片信息。wx.getImageInfo 接口参数如表 6-6 所示。

表 6-6　wx.getImageInfo 接口参数

参　数	类　型	必　填	说　明
src	String	是	图片的路径，可以是相对/临时文件/网络/存储路径
success	Function	否	接口调用成功，返回图片的 width 和 height
fail	Function	否	接口调用失败的回调函数
complete	Function	否	接口调用结束的回调函数（调用成功、失败都会执行）

示例代码如下：

```
wx.chooseImage({
    success:function(res)
      { wx.getImageInfo({
        src:res.tempFilePaths[0],
        success:function(e){
          console.log(e.width)
          console.log(e.height)
        }
      })
    },
})
```

4．保存图片到系统相册

wx.saveImageToPhotosAlbum（Object）接口用于保存图片到系统相册，需要用户授权 scope.writePhotosAlbum。wx.saveImageToPhotosAlbum 接口参数如表 6-7 所示。

表 6-7　wx.saveImageToPhotosAlbum 接口参数

参　数	类　型	必　填	说　明
filePath	String	是	图片文件路径，可以是临时文件路径也可以是永久文件路径，不支持网络图片路径
success	Function	否	接口调用成功，返回图片的 width 和 height
fail	Function	否	接口调用失败的回调函数
complete	Function	否	接口调用结束的回调函数（调用成功、失败都会执行）

示例代码如下：

```
wx.chooseImage({
  success:function(res)
    { wx.saveImageToPhotosAlbum
    ({
      filePath:res.tempFilePaths[0],
      success:function(e){
        console.log(e)
      }
    })
  },
})
```

6.2.2 录音 API

录音 API 提供了语音录制的能力，主要包括以下两个 API 接口：

- wx.startRecord（Object）接口用于实现开始录音。
- wx.stopRecord（Object）接口用于实现主动调用停止录音。

1．wx.startRecord（Object）

wx.startRecord（Object）接口用于实现开始录音，当主动调用 wx.stopRecord 接口，或者录音超过 1 分钟时自动结束录音，返回录音文件的临时文件路径，若要持久保存，需要调用 wx.saveFile。wx.startRecord 接口参数属性如表 6-8 所示。

表 6-8 wx.startRecord 接口参数属性

参　数	类　型	必　填	说　明
success	Function	否	录音成功后调用，返回录音文件的临时文件路径，res = {tempFilePath：'录音文件的临时路径'}
fail	Function	否	接口调用失败的回调函数
complete	Function	否	接口调用结束的回调函数（调用成功、失败都会执行）

2．wx.stopRecord（Object）

wx.stopRecord（Object）接口用于实现主动调用停止录音。

示例代码如下：

```
wx.startRecord)
({
  success:function(res){
    var tempFilePath=res.tempFilePath
  },
  fail:function(res){
    //录音失败
  }
})
setTimeout(function(){
  //结束录音
  wx.stopRecord()
},10000)
```

6.2.3 音频播放控制 API

音频播放控制 API 主要用于对语音媒体文件的控制，包括播放、暂停、停止及 audio 组件的控制，主要包括以下 3 个 API 接口。

- wx.playVoice（Object）接口用于实现开始播放语音。
- wx.pauseVoice（Object）接口用于实现暂停正在播放的语音。
- wx.stopVoice（Object）接口用于结束播放语音。

1．wx.playVoice（Object）

wx.playVoice（Object）接口用于实现开始播放语音，同时只允许一个语音文件播放，如果前一个语音文件还没播放完，将中断前一个语音播放。wx.playVoice 接口参数属性如表 6-9 所示。

表 6-9　wx.playVoice 接口参数属性

参　数	类　型	必　填	说　明
filePath	String	是	需要播放的语音文件的文件路径
duration	Number	否	指定录音时长，到达指定的录音时长后会自动停止录音，单位：秒，默认值：60
success	Function	否	接口调用成功的回调函数
fail	Function	否	接口调用失败的回调函数
complete	Function	否	接口调用结束的回调函数（调用成功、失败都会执行）

示例代码如下：

```
wx.startRecord({
  success:function(res){
    var tempFilePath=res.tempFilePath
    wx.playVoice({   //录音完后立即播放
      filePath:tempFilePath,
      complete:function(){
      }
    })
  }
})
```

2. wx.pauseVoice（Object）

wx.pauseVoice（Object）接口用于实现暂停正在播放的语音。当再次调用 wx.playVoice 播放同一个文件时，会从暂停处开始播放。如果想从头开始播放，需要调用 wx.stopVoice。

示例代码如下：

```
wx.startRecord({
 success:function(res){
   var tempFilePath = res.tempFilePath
     wx.playVoice({
     filePath:tempFilePath
   })
   setTimeout(function(){
       //暂停播放
     wx.pauseVoice()
   },5000)
 }
})
```

3. wx.stopVoice（Object）

wx.stopVoice（Object）接口用于结束播放语音。

示例代码如下：

```
wx.startRecord({
  success:function(res){
    var tempFilePath=res.tempFilePath
    wx.playVoice({
      filePath:tempFilePath
    })
    setTimeout(function(){
      wx.stopVoice()
```

```
    },5000)
  }
})
```

6.2.4 音乐播放控制 API

音乐播放控制 API 主要用于实现应用背景音乐的控件，音乐文件只能是网络流媒体文件，不能是本地音乐文件，主要包括以下 8 个 API 接口：

- wx.getBackgroundAudioPlayerState（Object）接口用于获取音乐播放状态。
- wx.playBackgroundAudio（Object）接口用于播放音乐。
- wx.pauseBackgroundAudio( ) 接口用于实现暂停播放音乐。
- wx.stopBackgroundAudio( ) 接口用于实现停止播放音乐。
- wx.seekBackgroundAudio（Object）接口用于定位音乐播放进度。
- wx.onBackgroundAudioPlay（CallBack）接口用于实现监听音乐播放。
- wx.onBackgroundAudioPause（CallBack）接口用于实现监听音乐暂停。
- wx.onBackgroundAudioStop（CallBack）接口用于实现监听音乐停止。

1. wx.playBackgroundAudio（Object）

wx.playBackgroundAudio（Object）用于播放音乐，同时只能有一首音乐正在播放。wx.playBackgroundAudio 接口参数属性如表 6-10 所示。

表 6-10 wx.playBackgroundAudio 接口参数属性

参 数	类 型	必 填	说 明
dataUrl	String	是	音乐播放地址，目前支持的格式有 m4a，aac，mp3，wav
title	String	否	音乐标题
coverImgUrl	String	否	音乐封面图的 URL
success	Function	否	接口调用成功的回调函数
fail	Function	否	接口调用失败的回调函数
complete	Function	否	接口调用结束的回调函数（调用成功、失败都会执行）

示例代码如下：

```
wx.playBackgroundAudio({
    dataUrl:
'http://bmob-cdn-16488.b0.upaiyun.com/2018/02/09/117e4a1b405195b18061299e2de89
597.mp3',
    title:'有一天',
coverImgUrl:'http://bmob-cdn-16488.b0.upaiyun.com/2018/02/09/f604297140c968188
0cc3d3e581f7724.jpg',
    success:function(res){
      console.log(res) //成功返回 playBackgroundAudio:ok
    }
})
```

2. wx.getBackgroundAudioPlayerState（Object）

wx.getBackgroundAudioPlayerState（Object）接口用于获取音乐播放状态，其参数属性如表 6-11 所示。

表 6-11　wx.getBackgroundAudioPlayerState 接口参数属性

参　数	类　型	必　填	说　明
success	Function	否	接口调用成功的回调函数
fail	Function	否	接口调用失败的回调函数
complete	Function	否	接口调用结束的回调函数（调用成功、失败都会执行）

成功返回参数如表 6-12 所示。

表 6-12　成功返回参数

参　数	说　明
duration	选定音频的长度（单位：s），只有在当前有音乐播放时返回
currentPosition	选定音频的播放位置（单位：s），只有在当前有音乐播放时返回
status	播放状态（2：没有音乐在播放，1：播放中，0：暂停中）
downloadPercent dataUrl	音频的下载进度（整数，80 代表 80%），只有在当前有音乐播放时返回 歌曲数据链接，只有在当前有音乐播放时返回

示例代码如下：

```
wx.getBackgroundAudioPlayerState({
    success:function(res){
      var status=res.status
      var dataUrl=res.dataUrl
      var currentPosition=res.currentPosition
      var duration=res.duration
      var downloadPercent=res.downloadPercent
    console.log("播放状态:"+status)
    console.log("音乐文件地址:"+dataUrl)
    console.log("音乐文件当前播放位置:"+currentPosition)
    console.log("音乐文件的长度:"+duration)
    console.log("音乐文件的下载进度:"+status)
    }
})
```

3．wx.seekBackgroundAudio（Object）

wx.seekBackgroundAudio（Object）用于定位音乐播放进度，其参数属性如表 6-13 所示。

表 6-13　wx.seekBackgroundAudio 接口参数属性

参　数	类　型	必　填	说　明
position	Number	是	音乐位置，单位：秒
success	Function	否	接口调用成功的回调函数
fail	Function	否	接口调用失败的回调函数
complete	Function	否	接口调用结束的回调函数（调用成功、失败都会执行）

示例代码如下：

```
wx.seekBackgroundAudio({
    position:30
})
```

4．wx.pauseBackgroundAudio( )

wx.pauseBackgroundAudio( ) 接口用于实现暂停播放音乐。

示例代码如下：

```
wx.pauseBackgroundAudio()
```

5．wx.stopBackgroundAudio( )

wx.stopBackgroundAudio( ) 接口用于实现停止播放音乐。

示例代码如下：

```
wx.stopBackgroundAudio()
```

6．wx.onBackgroundAudioPlay（CallBack）

wx.onBackgroundAudioPlay（CallBack）接口用于实现监听音乐播放，通常被 wx.playBackgroundAudio( ) 方法触发。在 CallBack 中可改变播放图标。

示例代码如下：

```
wx.playBackgroundAudio({
    dataUrl:this.data.musicData.dataUrl,
    title:this.data.musicData.title,
    coverImgUrl:this.data.musicData.coverImgUrl,
    success:function(){ wx.onBackgroundAudioStop
      (function(){ that.setData({
     isPlayingMusic:false
    })
})
```

7．wx.onBackgroundAudioPause（CallBack）

wx.onBackgroundAudioPause（CallBack）接口用于实现监听音乐暂停，通常被 wx.pauseBackgroundAudio( ) 方法触发，在 CallBack 中可以改变播放图标。

8．wx.onBackgroundAudioStop（CallBack）

wx.onBackgroundAudioStop（CallBack）接口用于实现监听音乐停止，通常被音乐自然播放停止或 wx.seekBackgroundAudio（）方法导致播放位置等于音乐总时长时触发。在 CallBack 中可以改变播放图标。

在此以案例展示音乐 API 的使用。实际效果如图 6-5 所示。

图 6-5　音乐播放实际效果

music.wxml 代码如下：

```
<!--index.wxml-->
<view class="container">
  <image class="bgaudio"src="{{changedImg?music.coverImg:'/image/background.png'}}"/>
  <view  class="control-view">
    <!--使用 data-how 定义一个 0、1 表示快退或快进 10 秒-->
    <image src="/image/pre.png" bindtap="onPositionTap" data-how="0"/>
    <image src="/image/{{isPlaying?'pause':'play'}}.png" bindtap="onAudioTap"/>
    <image src="/image/stop.png" bindtap="onStopTap"/>
    <!--使用 data-how 定义一个 0、1 表示快退或快进 10 秒-->
    <image src="/image/next.png" bindtap="onPositionTap" data-how="1"/>
  </view>
</view>
```

music.wxss 代码如下:

```
.bgaudio{  height:
  350rpx;width:
  350rpx;
  margin-bottom:100rpx;
}
.control-view
  image{ height:
  64rpx;width:
  64rpx;margin:
  30rpx;
}
```

music.js 代码如下：

```
1    Page({
2      data:{
3        //记录播放状态
4        isPlaying:false,
5        //记录 coverImg,仅当音乐初始时和播放停止时,使用默认的图片。播放中和暂停时,用的都是
用当前音乐
6    的 coverImg
7        changedImg:false,
8        //音乐内容
9        music:{
10         "url":
11   "http://bmob-cdn-16488.b0.upaiyun.com/2018/02/09/117e4a1b405195b18061299e
     2de89597.mp3",
12         "title":"盛晓玫-有一天",
13         "coverImg":
14   "http://bmob-cdn-16488.b0.upaiyun.com/2018/02/09/f604297140c9681880cc3d3e
     581f7724.jpg"
15       },
16   },
17   onLoad:function(){
18     //页面加载时,注册监听事件
19     this.onAudioState();
20   },
21   //点击播放或者是暂停按钮时触发
22   onAudioTap:function(event){
23     if(this.data.isPlaying){
24       //正常播放的话,就暂停,并修改播放的状态
25       wx.pauseBackgroundAudio();
```

```
26    } else{
27      //暂停的话,就开始播放,并修改播放的状态
28      letmusic=this.data.music;
29      wx.playBackgroundAudio({
30        dataUrl:music.url,
31        title:music.title,
32        coverImgUrl:music.coverImg
33      })
34    }
35  },
36  //点击停止按钮，停止音乐的播放
37  onStopTap:function(){
38    letthat=this;
39    wx.stopBackgroundAudio({
40      success:function(){
41        //改变 coverImg 和播放状态
42        that.setData({isPlaying:false,changedImg:false});
43      }
44    })
45  },
46  //点击快进 10 秒或者是快退 10 秒时,触发
47  onPositionTap:function(event){
48    lethow=event.target.dataset.how;
49    //获取音乐的播放状态
50    wx.getBackgroundAudioPlayerState({
51      success:function(res){
52      //仅仅在音乐播放中,快进和快退才生效
53      //音乐的播放状态,1 表示播放中
54      letstatus=res.status;
55      if(status===1){
56        //音乐的总时长
57        letduration=res.duration;
58        //音乐播放的当前位置
59        letcurrentPosition=res.currentPosition;
60        if(how==="0"){
61          //注意:快退时,当前播放位置快退 10 秒小于 0 的话,直接设置 position 为 1;否则的话直
62  接减去 10 秒
63          //快退到达的位置
64          letposition=currentPosition-10;
65          if(position<0){
66            position=1;
67          }
68          //执行快退
69          wx.seekBackgroundAudio({
70            position:position
71          });
72          //给出一个友情提示,实际引用中,请删除!!!
73          wx.showToast({title:"快退 10s",duration:500});
74        }
75        if(how==="1"){
76          //注意:快进时,当前播放位置快进 10 秒后大于总时长的话,直接设置 position 为总时长减 1
77          //快进到达的位置
78          let position=currentPosition+10;
79          if(position>duration){
80            position=duration-1;
81          }
82          //执行快进
83          wx.seekBackgroundAudio({
```

```
84              position:position
85            });
86            //给出一个友情提示,实际引用中,请删除!!!
87            wx.showToast({title:"快进 10s",duration:500});
88          }
89        } else {
90            // 给出一个友情提示,实际引用中,请删除!!!
91            wx.showToast({title:"音乐未播放",duration:800});
92          }
93        }
94    })
95  },
96  //音乐播放状态
97  onAudioState:function()
98    { letthat=this;
99    wx.onBackgroundAudioPlay(function(){
100     //当 wx.playBackgroundAudio()执行时触发
101     //改变 coverImg 和播放状态
102     that.setData({isPlaying:true,changedImg:true});
103     console.log("onplay");
104   });
105   wx.onBackgroundAudioPause(function(){
106     //当 wx.pauseBackgroundAudio()执行时触发
107     // 仅改变播放状态
108     that.setData({isPlaying:false});
109     console.log("onpause");
110   });
111   wx.onBackgroundAudioStop(function(){
112     // 当音乐自行播放结束时触发
113     //改变 coverImg 和播放状态
114     that.setData({isPlaying:false,changedImg:false});
115     console.log("onstop");
116   });
117   }
118 })
```

6.3　文件 API

从网络下载的文件、录音文件、录视频文件都是临时保存的，想要持久保存，需要用到文件 API。文件 API 提供了打开、保存、删除等操作本地文件的能力，主要包括 5 个 API 接口：

- wx.saveFile（Object）接口用于保存文件到本地。
- wx.getSavedFileList（Object）接口用于获取本地已保存的文件列表。
- wx.getSaveFileInfo（Object）接口用于获取本地文件的信息。
- wx.removeSavedFile（Object）接口用于删除本地存储的文件。
- wx.openDocument（Object）接口用于在新开的页面中打开文档，支持格式有 doc、xls、ppt、pdf、docx、xlsx、ppts。

1．wx.saveFile（Object）

wx.saveFile（Object）用于保存文件到本地。其参数属性如表 6-14 所示。

表 6-14 wx.saveFile 接口参数属性

参　数	类　型	必　填	说　明
tempFilePath	String	是	需要保存的文件的临时路径
success	Function	否	返回文件的保存路径
fail	Function	否	接口调用失败的回调函数
complete	Function	否	接口调用结束的回调函数（调用成功、失败都会执行）

示例代码如下：

```
saveImg:function(){
  wx.chooseImage({
    count:1,//默认 9
    sizeType:['original','compressed'],//可以指定是原图还是压缩图，默认两者都有
    sourceType:['album','camera'],//可以指定文件来源是相册还是相机，默认两者都有
    success:function(res){
      vartempFilePaths=res.tempFilePaths[0]
      wx.saveFile({
       tempFilePath:tempFilePaths,
       success:function(res){
         var saveFilePath=res.savedFilePath;
         console.log(saveFilePath)
       }
      })
    }
  })
}
```

2．wx.getSavedFileList（Object）

wx.getSavedFileList（Object）接口用于获取本地已保存的文件列表，成功返回文件的本地路径、文件大小和文件的保存时的时间戳（从 1970/01/01 08:00:00 到当前时间的秒数）文件列表。其参数属性如表 6-15 所示。

表 6-15 wx.getSavedFileList 参数属性

参　数	类　型	必　填	说　明
success	Function	否	接口调用成功的回调函数，返回 FileList 文件列表
fail	Function	否	接口调用失败的回调函数
complete	Function	否	接口调用结束的回调函数（调用成功、失败都会执行）

示例代码如下：

```
wx.getSavedFileList({ succ
   ess:function(res){ tha
   t.setData({
      fileList:res.fileList
   })
  }
})
```

3．wx.getSaveFileInfo（Object）

wx.getSaveFileInfo（Object）接口用于获取本地文件的信息，此接口只能用于获取已保存到本地的文件，若需要获取临时文件信息，请使用 wx.getFileInfo 接口。其参数属性如表 6-16

所示。

表 6-16 wx.getSaveFileInfo 参数属性

参 数	类 型	必 填	说 明
filePath	String	是	文件路径
success	Function	否	接口调用成功的回调函数，返回文件大小
fail	Function	否	接口调用失败的回调函数
complete	Function	否	接口调用结束的回调函数（调用成功、失败都会执行）

示例代码如下：

```
wx.chooseImage({ co
  unt:1,//默认 9
  sizeType:['original','compressed'],//可以指定是原图还是压缩图,默认两者都有
  sourceType:['album','camera'],//可以指定来源是相册还是相机,默认两者都有
  success:function(res){
    var tempFilePaths=res.tempFilePaths[0]
    wx.saveFile({
      tempFilePath:tempFilePaths,
      success:function(res){
        var saveFilePath=res.savedFilePath;
        wx.getSavedFileInfo({
          filePath:saveFilePath,
          success:function(res){
            console.log(res.size)
          }
        })
      }
    })
  }
})
```

4．wx.removeSavedFile（Object）

wx.removeSavedFile（Object）接口用于删除本地存储的文件，其参数属性如表 6-17 所示。

表 6-17 wx.removeSavedFile 参数属性

参 数	类 型	必 填	说 明
filePath	String	是	文件路径
success	Function	否	接口调用成功的回调函数
fail	Function	否	接口调用失败的回调函数
complete	Function	否	接口调用结束的回调函数（调用成功、失败都会执行）

从文件列表中删除第一个文件，示例代码如下：

```
wx.getSavedFileList({ s
  uccess:function(res){
    if(res.fileList.length >
      0){ wx.removeSavedFile({
        filePath:res.fileList[0].filePath,
        complete:function(res){
          console.log(res)
        }
      })
```

```
    }
  }
})
```

5．wx.openDocument（Object）

wx.openDocument（Object）接口用于在新打开的页面中打开文档，支持格式有：doc，xls，ppt，pdf，docx，xlsx，pptx，其参数属性如表 6-18 所示。

表 6-18 wx.openDocument 参数属性

参　数	类　型	必　填	说　明
filePath	String	是	文件路径，可通过 downFile 获得
fileType	String	否	文件类型，指定文件类型打开文件，有效值 doc，xls，ppt，pdf，docx，xlsx，pptx
success	Function	否	接口调用成功的回调函数
fail	Function	否	接口调用失败的回调函数
complete	Function	否	接口调用结束的回调函数（调用成功、失败都会执行）

示例代码如下：

```
wx.downloadFile({
    url:"http://localhost/fm2.pdf",//在本地通过 wxamp 搭建服务器
    success:function(res){
      var tempFilePath=res.tempFilePath;
      wx.openDocument({
        filePath:tempFilePath,
        success:function(res){
          console.log("打开成功")
        }
      })
    }
})
```

6.4 本地数据及缓存 API

小程序提供了以键值对的形式进行本地数据缓存功能，并且是永久存储的，但最大不超过 10MB，其目的是提高加载速度。数据缓存的接口主要有以下 4 个：

- wx.setStorage（wx.setStorageSync）接口用于设置缓存数据。
- wx.getStorage（wx.getStorageSync）接口用于获取缓存数据。
- wx.clearStorage（wx.clearStorageSync）接口用于清除缓存数据。
- wx.removeStorage（wx.removeStorageSync）接口用于删除指定缓存数据。其中带 Sync 后缀的为同步接口，不带 Sync 后缀的为异步接口。

6.4.1 保存数据

1．wx.setStorage（Object）

wx.setStorage( ) 接口将数据存储到本地缓存指定的 key 中，接口执行后会覆盖原来 key

对应的内容。其参数如下：

```
wx.setStorage({
    key:'name',
    data:'sdy',
    success:function(res)
     { console.log(res)
    }
})
```

2．wx.setStorageSync（key，data）

wx.setStorageSync（key，data）是同步接口，其参数只有 key 和 data，示例代码如下：

```
wx.setStorageSync('age','25')
```

6.4.2 获取数据

1．wx.getStorage（Object）

wx.getStorage（Object）接口是从本地缓存中异步获取指定 key 对应的内容。其参数如表 6-19 所示。

表 6-19 wx.getStorage 接口参数

参　数	类　型	必　填	说　明
key	String	是	本地缓存中指定的 key
data	Object/String	是	需要存储的内容
success	Function	否	接口调用成功的回调函数
fail	Function	否	接口调用失败的回调函数
complete	Function	否	接口调用结束的回调函数（成功、失败都执行）

示例代码如下：

```
wx.getStorage({
    key:'name',
    success:function(res)
      { console.log(res.data)
    },
})
```

2．wx.getStorageSync（key）

wx.getStorageSync（key）接口用于从本地缓存中同步获取指定 key 对应的内容。其参数只有 key。

示例代码如下：

```
try {
    var value = wx.getStorageSync('age')
    if(value){
      console.log("获取成功"+value)
    }
  } catch(e){
   console.log("获取失败")
}
```

6.4.3 删除数据

1．wx.removeStorage（Object）

wx.removeStorage（Object）接口用于从本地缓存中异步移除指定 key。其参数如表 6-20 所示。

表 6-20 wx.removeStorage 接口参数

参 数	类 型	必 填	说 明
key	String	是	本地缓存中指定的 key
success	Function	否	接口调用成功的回调函数
fail	Function	否	接口调用失败的回调函数
complete	Function	否	接口调用结束的回调函数（成功、失败都执行）

示例代码如下：

```
wx.removeStorage({
    key:'name',
    success:function(res){
      console.log("删除成功")
    },
    fail:function(){
      console.log("删除失败")
    }
})
```

2．wx.removeStorageSync（key）

wx.removeStorageSync（key）从本地缓存中同步删除指定 key 对应的内容。其参数只有 key。

示例代码如下：

```
try {
    wx.removeStorageSync('name')
} catch(e){
    // Do something when catch error
}
```

6.4.4 清空数据

1．wx.clearStorage( )

wx.clearStorage 接口用于异步清理本地数据缓存，没有参数。代码如下：

```
wx.clearStorage()
```

2．wx.clearStorageSync( )

wx.clearStorageSync 接口用于同步清理本地数据缓存，代码如下：

```
wx.clearStorageSync()
```

6.5　位置信息 API

在小程序中可以获取或显示本地位置信息，小程序支持 WGS84 和 GCj02 标准。WGS84 标准为地球坐标系，是国际上通用的坐标系；GCj02 标准是中国国家测绘局制定的地理信息系统的坐标系统，是由 WGS84 坐标系经加密后的坐标系，又称为火星坐标系，默认为 WGS84 标准，若要查看位置需要使用 GCj02 标准。它主要包括以下 3 个 API 接口。

- wx.getLocation（Object）接口用于获取位置信息。
- wx.chooseLocation（Object）接口用于选择位置信息。
- wx.openLocation（Object）接口通过地图显示位置。

6.5.1　获取位置

获取当前用户的地理位置、速度，需要用户开启定位功能，当用户离开小程序后，无法获取当前的地理位置及速度。当用户点击“显示在聊天顶部”时，可以获取到定位信息，其参数如表 6-21 所示。

表 6-21　wx.getLocation 接口参数

参　数	类　型	必　填	说　明
type	String	否	默认为 WGS84 返回 GPS 坐标，GCJ02 返回可用于 wx.openLocation 的坐标
altitude	Boolean	否	传入 true 会返回高度信息，由于获取高度需要较高精确度，会减慢接口返回速度
success	Function	是	接口调用成功的回调函数，返回内容详见返回参数说明（见表 6-22）
fail	Function	否	接口调用失败的回调函数
complete	Function	否	接口调用结束的回调函数（调用成功、失败都会执行）

wx.getLocation( ) 调用成功后，返回的参数如表 6-22 所示。

表 6-22　wx.getLocation 调用成功后返回的参数

参　数	说　明
latitude	纬度，浮点数，范围为-90～90，负数表示南纬
longitude	经度，浮点数，范围为-180～180，负数表示西经
speed	速度，浮点数，单位 m/s
accuracy	位置的精确度
altitude	高度，单位为 m
verticalAccuracy	垂直精度，单位 m（Android 系统无法获取，返回 0）
horizontalAccuracy	水平精度，单位为 m

示例代码如下：

```
wx.getLocation({
    type:'wgs84',
```

```
    success:function(res){
      console.log("经度:"+res.longitude);
      console.log("纬度:"+res.latitude);
      console.log("速度:"+res.longitude);
      console.log("位置的精确度:"+res.accuracy);
      console.log("水平精确度:"+res.horizontalAccuracy);
      console.log("垂直精确度:"+res.verticalAccuracy);
    },
})
```

wx.getLocation 示例运行结果如图 6-6 所示。

```
经度: 108.90688
纬度: 34.15775
速度: 108.90688
位置的精确度: 65
水平精确度: 65
垂直精确度: 65
```

图 6-6 wx.getLocation 示例运行效果

6.5.2 选择位置

wx.chooseLocation（Object）用于在打开的地图中选择位置，用户选择位置后可返回当前位置的名称、地址、经纬度信息。其参数如表 6-23 所示。

表 6-23 wx.chooseLocation 参数

参 数	类 型	必 填	说 明
success	Function	是	接口调用成功的回调函数，返回内容详见返回参数说明（见表 6-24）
fail	Function	否	接口调用失败的回调函数
complete	Function	否	接口调用结束的回调函数（调用成功、失败都会执行）

wx.chooseLocation( ) 调用成功后，返回的参数如表 6-24 所示。

表 6-24 wx.chooseLocation 调用成功后返回的参数

参 数	说 明
name	位置名称
address	详细地址
latitude	纬度，浮点数，范围为-90～90，负数表示南纬
longitude	经度，浮点数，范围为-180～180，负数表示西经

示例代码如下：

```
wx.chooseLocation({
    success:function(res){
      console.log("位置的名称:"+res.name)
      console.log("位置的地址:"+res.address)
      console.log("位置的经度:"+res.longitude)
      console.log("位置的纬度:"+res.latitude)
    }
})
```

选择的位置确定后，返回结果如图 6-7 所示。

图 6-7 选择定位后返回的结果

6.5.3 查看位置

wx.openLocation（Object）用于在微信内置地图中查看位置信息，其参数如表 6-25 所示。

表 6-25 wx.openLocation 接口参数

参 数	类 型	必 填	说 明
latitude	Float	是	纬度，范围为-90～90，负数表示南纬
longitude	Float	是	经度，范围为-180～180，负数表示西经
scale	Int	否	缩放比例，范围 5～18，默认为 18
name	String	否	位置名
address	String	否	地址的详细说明
success	Function	否	接口调用成功的回调函数
fail	Function	否	接口调用失败的回调函数

示例代码如下：

```
wx.getLocation({
    type:'gcj02',//返回可以用于 wx.openLocation 的经纬度
    success:function(res){
      var latitude=res.latitude
      var longitude=res.longitude
      wx.openLocation({
        latitude:latitude,
        longitude:longitude,
        scale:10,
        name:'智慧国际酒店',
        address:'西安市长安区西长安区 300 号'
      })
    }
})
```

wx.openLocation 示例运行效果如图 6-8 所示。

图 6-8　wx.openLocation 示例运行效果显示地图

6.6　设备相关 API

设备相关的接口用于获取设备相关信息，主要包括系统信息、网络状态、拨打电话及扫码等，主要包括 5 个 API 接口。

- wx.getSystemInfo（Object）及 wx.getSystemInfoSync( ) 接口用于获取系统信息。
- wx.getNetworkType（Object）接口用于获取网络类型。
- wx.onNetworkStatusChange（CallBack）接口有于监测网络状态改变。
- wx.makePhoneCall（Object）接口用于拨打电话。
- wx.scanCode（Object）接口用于扫码二维码。

6.6.1　获取信息系统

wx.getSystemInfo（Object）和 wx.getSystemInfoSync( ) 接口分别用于异步和同步获取系统信息。其参数如表 6-26 所示。

表 6-26　获取信息系统接口参数

参　数	类　型	必　填	说　明
success	Function	是	接口调用成功的回调函数
fail	Function	否	接口调用失败的回调函数
complete	Function	否	接口调用结束的回调函数（调用成功、失败都会执行）

wx.getSystemInfo( ) 及 wx.getSystemInfoSync( ) 调用成功后，返回系统相关信息如表 6-27 所示。

表 6-27　获取信息系统接口调用成功后返回的参数

参　数	说　明	参　数	说　明
brand	手机品牌	tatusBarHeight	状态栏的高度
model	手机型号	language	微信设置的语言
pixelRatio	设备像素比	version	微信版本号
screenWidth	屏幕宽度	system	操作系统版本
screenHeight	屏幕高度	platform	客户端平台
windowWidth	可使用窗口宽度	fontSizeSetting	用户字体大小设置，单位：px
windowHeight	可使用窗口高度	SDKVersion	客户端基础库版本

示例代码如下：

```
wx.getSystemInfo({ success
    :function(res){
      console.log("手机型号:"+res.model)
      console.log("设备像素比:"+res.pixelRatio)
      console.log("窗口的宽度:"+res.windowWidth)
      console.log("窗口的高度:"+res.windowHeight)
      console.log("微信的版本号:"+res.version)
      console.log("操作系统版本:"+res.system)
      console.log("客户端平台:"+res.platform)
    },
})
```

获取信息系统接口示例运行效果如图 6-9 所示。

图 6-9　获取信息系统接口示例运行效果

6.6.2　网络状态

1．获取网络状态

wx.getNetworkType（Object）接口用于获取网络类型，其参数如表 6-28 所示。

表 6-28　wx.getNetworkType 接口参数

参　数	类　型	必　填	说　明
success	Function	是	接口调用成功，返回网络类型 NetworkType
fail	Function	否	接口调用失败的回调函数
complete	Function	否	接口调用结束的回调函数（调用成功、失败都会执行）

wx.getNetworkType( ) 成功调用返回的网络类型包：WiFi/2G/3G/4G/unknown（Android 下不常见的网络类型）/none（无网络）。

示例代码如下：

```
wx.getNetworkType({
    success:function(res)
      { console.log(res.networkType)
    },
})
```

2. 监听网络状态变化

wx.onNetworkStatusChange（CallBack）接口用于监听网络状态变化，若网络状态发生变化时，返回当前网络状态类型及是否有网络连接。

示例代码如下：

```
wx.onNetworkStatusChange(function(res){
    console.log("网络是否连接:"+res.isConnected)
    console.log("变化后的网络类型"+res.networkType)
  })
```

6.6.3 拨打电话

wx.makePhoneCall（Object）接口用于实现调用手机拨打电话，其参数如表 6-29 所示。

表 6-29　wx.makePhoneCall 接口参数

参　数	类　型	必　填	说　明
phoneNumber	String	是	需要拨打的电话号码
success	Function	否	接口调用成功的回调
fail	Function	否	接口调用失败的回调函数
complete	Function	否	接口调用结束的回调函数（调用成功、失败都会执行）

示例代码如下：

```
wx.makePhoneCall({
  phoneNumber:'18092585093'//需要拨打的电话号码
})
```

6.6.4 扫码

wx.scanCode（Object）接口用于调用客户端扫码界面，扫码成功后返回相应的内容，其参数属性如表 6-30 所示。

表 6-30　wx.scanCode 接口参数

参　数	类　型	必　填	说　明
onlyFromCamera	Boolean	否	是否只能从相机扫码，不允许从相册选择图片

（续表）

参　　数	类　　型	必　　填	说　　明
scanType	Array	否	扫码类型，参数类型是数组，二维码是'qrCode'，一维码是'barCode'，DataMatrix 是'datamatrix'，pdf417 是'pdf417'
success	Function	否	接口调用成功的回调函数，返回内容详见返回参数说明（见表 6-31）
fail	Function	否	接口调用失败的回调函数
complete	Function	否	接口调用结束的回调函数（调用成功、失败都会执行）

扫码成功后，返回的参数如表 6-31 所示。

表 6-31　扫码成功后返回的参数

参　　数	说　　明
result	所扫码的内容
scanType	所扫码的类型
charSet	所扫码的字符集
path	当所扫的码为当前小程序的合法二维码时，返回内容为二维码携带的 path

示例代码如下：

```
//允许从相机和相册扫码
wx.scanCode({ success:
    (res)=>{
        console.log(res.result)
        console.log(res.scanType)
        console.log(res.charSet)
        console.log(res.path)
    }
})
// 只允许从相机扫码
wx.scanCode({ onlyFromC
    amera:true,success:
    (res)=>{
    console.log(res)
    }
})
```

本章小结

本章主要讲解小程序的各类核心 API，包括网络 API、多媒体 API、文件 API、本地数据及缓存 API、位置信息 API 及相关设备 API 等。通过本章的学习，深刻掌握各类 API 是开发各类小程序的核心。小程序 API 知识体系如图 6-10 所示。

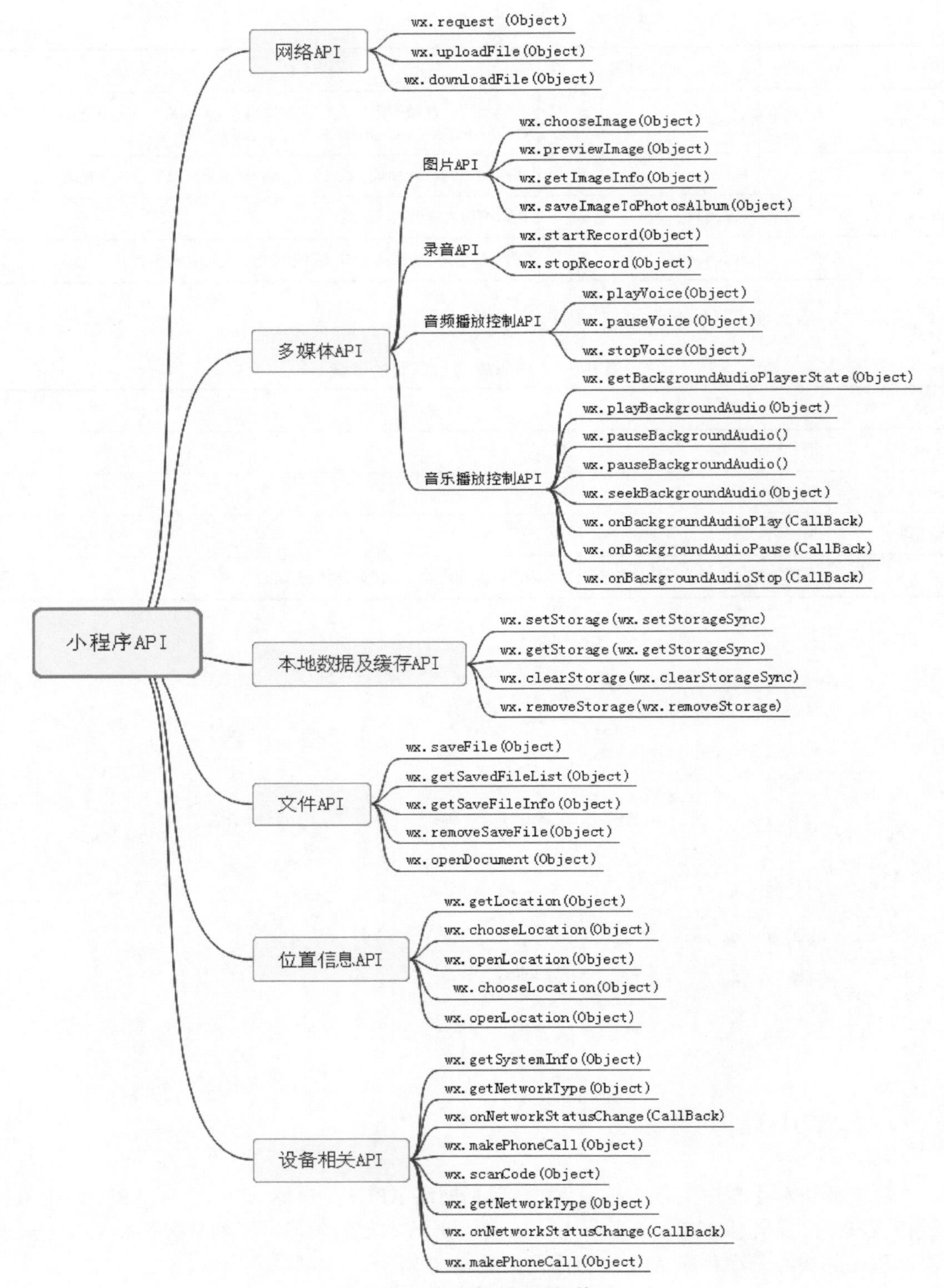

图 6-10　小程序 API 知识体系

第 7 章　案例分析——秦岭山水

学习目标：

- 掌握小程序组件的综合应用
- 掌握小程序项目的结构
- 掌握小程序开发的要点

7.1　准备工作

在前面章节中我们学习了小程序的框架、组件、API 以及与开发相关的基础知识，本章将利用所学知识进行一个小型案例的开发。通过实践项目的学习，我们对小程序开发有更深刻的认识。我们选用资讯类小程序作为第一个案例，在这个案例中，所有数据均来自本地，不涉及服务器端及第三方数据，这样做的好处是将更多的精力集中到小程序本身的开发上。项目共有 4 个页面，即列表页、内容页、详情页及预约页，如图 7-1 和图 7-2 所示。

1-列表页　　2-内容页

图 7-1　列表页与内容页

图 7-2　详情页与预约页

7.1.1　准备数据

本项目所有数据均来自本地，为了便于对数据进行管理，我们将数据存放于 data.js 文件中，并通过 module.exports 向外部暴露一个接口，定义好模块后，在其他 js 文件中通过 require( ) 引用这个模块即可。

data.js 文件数据如下：

```
//轮播图的数据图片
Function getBannerData()
  { var arr=[
    '/images/banner1.jpg',
    '/images/banner2.jpg',
    '/images/banner3.jpg',
  ]
  returnarr
}
//导航数据
functiongetIndexNavData()
  { var arr = [
    {
    id:1,
    icon:'/images/ls.png',
    title:'青山'
  },
  {
    id:2,
    icon:'/images/qs.png',
    title:'绿水'
  },
  {
    id:3,
    icon:'/images/y.png',
    title:'秦岭峪'
  },
  {
```

```
    id:4,
    icon:'/images/dw.png',
    title:'动物'
  },
  {
    id:5,
    icon:'/images/zw.png',
    title:'植物'
  }
]
returnarr
}
// list 列表数据
Function getIndexNavSectionData()
  { var arr = [
    [
      {
        subject:"终南山",
        civerpath:"/images/zn1.jpg",
        price:"门票:¥45",postId:11,
        message:'终南山天下第一福地——终南山天下第一福地——终南山是道教主流全真派的圣地,又名太乙山、地肺山、中南山、周南山,简称南山,是秦岭山脉的一段,西起宝鸡市眉县、东至西安市蓝田县,有"仙都"、"洞天之冠"和"天下第一福地"的美称'
        },
        {
          subject:"华山",
          civerpath:"/images/hs1.jpg",
          price:"门票:¥180",
          postId:12,
          message:'华山古称"西岳华山为中国著名的五岳之一。华山位于陕西省渭南市华阴市,在西安市以东 120 千米处。南接秦岭,北瞰黄渭,扼守着大西北进出中原的门户。'
        },
        {
          subject:"太白山",
          civerpath:"/images/tb1.jpg",
          price:"门票:¥100",
          postId:13,
          message:'太白山跨太白县、眉县、周至县三县,主峰拔仙台在太白县境内东部,海拔 3771.2 米,介于东经 107° 41′ 23″—107° 51′ 40″,北纬 33° 49′ 31″—34° 08′ 11″之间,直距太白县城 43.25 千米。太白山山顶气候严寒,冰冻时间很长,常年有积雪,天气晴朗时,雪峰皑皑,因而以"太白"命名。'
        },
        {
          subject:"翠华山",
          civerpath:"/images/ch1.jpg",
          price:"门票:¥58",
          postId:14,
          message:'翠华山原名太乙山,景区由碧山湖景区、天池景区和山崩石海景区 3 部分组成。传说有太乙真人在此修炼过,由此得名'
        }
        ],
        [
        {
         subject:"渭河",
         civerpath:"/images/wh1.jpg",
         price:"818 千米",
         postId:21,
         message:'黄河最大的一级支流,发源于今甘肃省定西市渭源县鸟鼠山,主要流经今甘肃天水、
```

```
陕西省关中平原的宝鸡、咸阳、西安、渭南等地,至渭南市潼关县汇入黄河'
        },
        {
          postId:22,
          subject:"汉江",
          civerpath:"/images/hj1.jpg",
          price:"514 千米",
          message:'长江最大的一级支流。在源地名漾水,流经沔县(现勉县)称沔水,东流至汉中始称汉
水,自安康至丹江口段古称沧浪水,襄阳以下别名襄江、襄水。'
        },
        {
          postId:23,
          subject:"嘉陵江",
          civerpath:"/images/jlj1.jpg",
          price:"1119 千米",
          message:'发源于秦岭北麓的陕西省凤县代王山。干流流经陕西省、甘肃省、四川省、重庆市,在
重庆市朝天门汇入长江'
        },
        {
          postId:24,
          subject:"洛河",
          civerpath:"/images/lh1.jpg",
          price:"680 千米″,
          message:'陕西省内长度最大的河流。它发源于白于山南麓的草梁山,由西北向东南注入渭河,
途经黄土高原区和关中平原两大地形单元'
        }
        ],
        [
        {
          postId:31,
          subject:"汤峪",
          civerpath:"/images/ty1.jpg",
          message:'汤峪温泉可追溯至 1350 年前,素有"桃花三月汤泉水,春风醉人不知归"的美誉。汤
峪温泉含有几十种对人体有益的矿物质,长期沐浴能促进新陈代谢增强生理机能,健身美容,并对皮肤病和关
节炎等有一定疗效。'
        },
        {
          postId:32,
          subject:"子午峪",
          civerpath:"/images/zw1.jpg",
          message:'在陕西长安县南,是关中通汉中的一条谷道,长 300 余公里。《战国策》张仪说赵王,
秦一军塞午道,鲍彪注:"长安有子午谷,北山是子,南山是午,午道秦南道也。"西汉元始五年(公元 5 年)王莽
通子午道,从杜陵直绝南山经汉中,南口在今石泉县境。'
        },
        {
          postId:33,
          subject:"沣峪",
          civerpath:"/images/fy1.jpg",
          message:'沣峪,位于西安市长安区(韦曲街道)城区南边约 35 公里处的秦岭北麓,隶属滦镇街
道办事处管辖。沣峪是秦岭北麓的一条山沟,因沣河从这里流出而得名'
        }
        ],
        [
        {
          postId:41,
          subject:"朱鹮",
          civerpath:"/images/zh1.jpg",
```

```
        message:'稀世珍禽朱鹮,又称朱鹭(通名)、红鹤、朱脸鹮鹭(北名),被誉为"东方瑰宝"、"东方宝石"、"吉祥之鸟"。'
      },
      {
        postId:42,
        subject:"大熊猫",
        civerpath:"/images/dxm1.jpg",
        message:'秦岭大熊猫头圆更像猫,且具有较小头骨、较大牙齿。在皮毛颜色方面,秦岭大熊猫胸斑为暗棕色、腹毛为棕色,使它看上去更漂亮,更憨态可掬,陕西人把秦岭大熊猫称为"国宝中的美人'
      },
      {
        postId:43,
        subject:"金丝猴",
        civerpath:"/images/jsh1.jpg",
        message:'在金丝猴的家族中,这是比较特殊的一支。金丝猴大多活动在2000—3000米的高海拔山区的针阔混交林地带,过着群居生活,以野果、嫩枝芽、树叶为食。'
      },
      {
        postId:44,
        subject:"羚牛",
        civerpath:"/images/ln1.jpg",
        message:'羚牛秦岭亚种,是秦岭山脉的特产动物,被称为"秦岭金毛扭角羚",通体白色间泛金黄,长相极为威武,美丽,当地人又叫它为"白羊"或是"羊子"。秦岭羚牛有两个长而粗壮的前肢,两条短而弯曲的后腿以及分叉的偶蹄,这些特点都使其能够适应高山攀爬生活,但数量不足5000头,十分珍贵'
      }
      ],
      [
      {
        postId:51,
        subject:"连香树",
        civerpath:"/images/lxs1.jpg",
        message:'连香树为连香树科连香树属。落叶乔木,高 10—20(—40)米,胸径达 1 米;树皮灰色,纵裂,呈薄片剥落;小枝无毛,有长枝和矩状短枝,短枝在长枝上对生;无顶芽,侧芽卵圆形,芽鳞 2。主要生长在温带。该种为第三纪古热带植物的孑遗种单科植物,是较古老原始的木本植物,雌雄异株,结实较少,天然更新困难,资源稀少,已濒临灭绝状态'
      },
      {
        postId:52,
        subject:"星叶草",
        civerpath:"/images/xyc1.jpg",
        message:'星叶草,稀有种,一年生小草本,茎细弱,高 3—10 厘米,根直伸,支根纤细花期 5—6 月,果期 7—9 月。零星分布于陕西南部、甘肃中部、青海南部、云南、四川、西藏等地。星叶草为单种属植物,星散分布于我国西北部至西南部'
      },
      {
        postId:53,
        subject:"香果树",
        civerpath:"/images/xgs1.jpg",
        message:'特产于中国,为落叶大乔木,高达 30 米,胸径达 1 米;树皮灰褐色。起源于距今约 1 亿年的中生代白垩纪。最初发现于湖北西部的宜昌地区海拔 670—1340 米的森林中。英国植物学家威尔逊(EH.Wilson)在他的"华西植物志"中,把香果树誉为"中国森林中最美丽动人的树"'
      },
      {
        postId:54,
        subject:"太白红杉",civerpath:
        "/images/tbhs1.jpg",
```

```
        message:'太白红杉为国家三级保护渐危种。为中国特有树种，是秦岭山区唯一生存的落叶松属植物。分布于中国大陆的佛坪、陕西的秦岭太白山、户县、玉皇山等地，生长于海拔2,000米至3,500米的地区。喜光、耐旱、耐寒、耐瘠薄并抗风。因高寒地带，立地条件差，生长期短，所以生长缓慢。花期5至6月，球果9月成熟。'
          }
        ]
    ]
returnarr
}
//暴露接口 module.exports={
getBannerData:getBannerData,getIndexNavData:getIndexNavData,getIndexNavSectionData:getIndexNavSectionData
}
```

7.1.2 项目目录结构

在小程序项目中，images 目录用于存放项目中所有图像，pages 目录中的项目页分别为 index 列表页、detail 内容页、detail-all 详情页和 about 预约页，utils 目录中包括项目中所有数据的 data.js 文件以及小程序的项目配置文件，如图 7-3 所示。

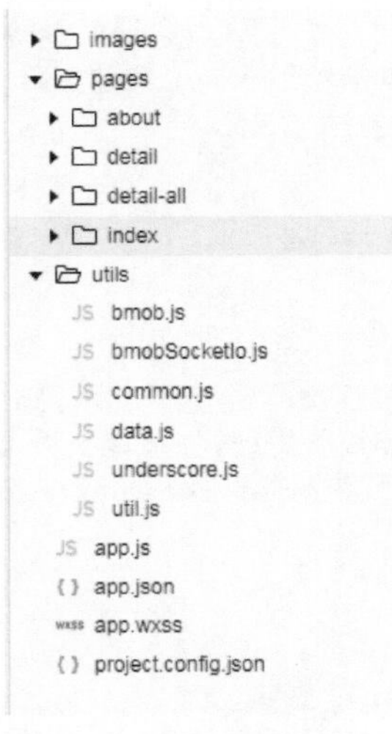

图 7-3 项目目录结构

7.1.3 app.json 文件结构

app.json 是对整个小程序的全局配置，主要包括三部分 pages、window 及 tabBar，代码如下：

```
{
  "pages":[ "pages/index
    /index",
    "pages/detail-all/detail-all",
    "pages/detail/detail",
    "pages/about/about"
  ],
  "window":{ "backgroundTextStyle":"light",
    "navigationBarBackgroundColor":
```

```
    "#fff",
    "navigationBarTitleText":"秦岭山水",
    "navigationBarTextStyle":"black"
  },
  "tabBar":
    { "color":
    "#333",
    "selectedColor":"#d24a58",
    "borderStyle":"white",
    "list":[
    {
      "pagePath":"pages/index/index",
      "text":"首页",
      "iconPath":"images/index_icon.png",
      "selectedIconPath":"images/index_icon_HL.png"
    },
    {
      "pagePath":"pages/detail-all/detail-all",
      "text":"详情",
      "iconPath":"images/skill_icon.png",
      "selectedIconPath":"images/skill_icon_HL.png"
    },
    {
      "pagePath":"pages/about/about",
      "text":"我的",
      "iconPath":"images/user_icon.png",
      "selectedIconPath":"images/user_icon_HL.png"
    }
  ]
 }
}
```

7.2　列表页

列表页由轮播项、导航项和列表项三部分，这三个部分包含在<scroll-view>组件中。

1．轮播项

轮播项的结构如下：

```
<viewclass="swiper">
<swiperinterval="{{interval}}"duration="{{duration}}"
 vertical="{{vertical}}"indicator-dots="indicatordots"autoplay="{{autoplay}}">
   <block wx:for-items="{{banner_url}}"wx:key="this">
     <swiper-item>
       <block wx:if="{{item}}">
         <image  src="{{item}}"></image>
       </block>
       <bloc kwx:else>
         <image  src="../../images/default_pic.png"></image>
       </block>
     </swiper-item>
   </block>
  </swiper>
</view>
```

其中 interval，duration，vertical，autoplay，banner_url 在 index.js 中进行定义，内容如下：

```
Page({
  data:{
    banner_url:fileData.getBannerData(),
    interval:3000,
    duration:1000,
    vertical:false,
    indicatordots:true,
    autoplay:true,
    navTopItems:fileData.getIndexNavData(),
    curNavId:1,
    curIndex:0,
    colors:["red","orange","yellow","green","purple"],
    navSectionItems:fileData.getIndexNavSectionData()
}
```

2．导航项

导航项结构如下：

```
<view class="nav_top">
    <block wx:for="{{navTopItems}}"wx:key="this">
      <view class="nav_top_item{{curNavId==item.id?
'active_'+colors[index]:''}}"data-id="{{item.id}}"data-index="{{index}}"
bindtap="switchTap">
        <image  src="{{item.icon}}"></image>
        <text>{{item.title}}</text>
      </view>
    </block>
</view>
```

3．列表项

列表项结构如下：

```
<view class="nav_section">
      <view wx:if="{{list[curIndex]}} ">
        <block wx:for="{{list[curIndex]}} "wx:key="this">
          <view class="nav_section_item">
            <!--images-->
            <view class="section_images">
              <block wx:if="{{item.civerpath}}">
                <image src="{{item.civerpath}}"bindtap="navigateDetail"data-post-
id="{{item.postId}}"></image>
              </block>
              <block wx:else>
                <image  src="../../images/default_pic.png"></image>
              </block>
              </view>
              <!--说明-->
              <view class="section_con">
                <view class="section_con_Sub">
                  <text>{{item.subject}}</text>
                </view>
                <view class="section_con_price">
                  <text>{{item.price}}</text>
                </view>
                <view class="text_index">{{item.message}}</view>
              </view>
```

```
            </view>
          </block>
        </view>
        <view wx:else>
          <text>暂无数据</text>
        </view>
    </view>
```

逻辑文件 index.js 代码如下：

```
//index.js
//获取应用实例
Var app=getApp();
//引用
Var fileData=require('../../utils/data.js')
Page({
  data:{
    banner_url:fileData.getBannerData(),          //轮播项数据
    interval:3000,
    duration:1000,
    vertical:false,
    indicatordots:true,
    autoplay:true,
    navTopItems:fileData.getIndexNavData(),       //导航项数据
    curNavId:1,
    curIndex:0,
    colors:["red","orange","yellow","green","purple"],
    navSectionItems:fileData.getIndexNavSectionData()   //列表项数据
  },
  //实现页面字体颜色切换
  switchTap:function(res){
    console.log(res.currentTarget.dataset.index)
    let id=res.currentTarget.dataset.id;
    let index=res.currentTarget.dataset.index
    this.setData({
      curNavId:id,
      curIndex:index
    })
  },
  // 加载更多
  laodMore:function(res){
    console.log('到底了')
    //得到导航的下标
    varcurid=this.data.curIndex;

    if(this.data.navSectionItems[curid]==0)
      { return
    } else {
      //加载更多
      //concat()方法,它将 2 个或 2 个以上的数组连接起来
      wx.showToast({ title:
      '加载中...',
      icon:'loading',
      duration:2000
    })
    Var that=this;
    that.data.navSectionItems[curid]=
that.data.navSectionItems[curid].concat(that.data.navSectionItems[curid]);
    that.setData({
```

```
      list:that.data.navSectionItems
    })
  }
},
//跳转到内容页
navigateDetail:function(res)
  { console.log(res.target.dataset.postId)
  Var postId=res.target.dataset.postId
  wx.navigateTo({
    url:'../detail/detail?id='+postId,  //传递参数 postId
    success:function()
      { wx.setNavigationBarTitle
      ({
        title:'内容页',
      })
      wx.showNavigationBarLoading();
      setTimeout(function(){
        wx.hideNavigationBarLoading();
      },2000)
    }
  })
},
//onLoad 页面加载完成执行
onLoad:function()
  { console.log(this.data.banner_url)
  console.log(this.data.navSectionItems)
  //加载一个弹框
  wx.showToast({
    title:'正在加载...',
    icon:'loading',
    duration:10000,
    mask:true
  })
  setTimeout(function()
    { wx.hideToast();
  }, 2000)
  //将我们的数据传到我们的结构层,通过 this.setData
  this.setData({
    list:this.data.navSectionItems
    })
  }
})
```

7.3 内容页

内容页如图 7-1 右半部分所示，由标题、图像及文字说明三部分组成，其视图文件 detail.wxml 代码如下：

```
<view class="cont">
  //标题
  <view class="head">
    <text>{{list.subject}}</text>
  </view>
  //图像
  <view class="images">
```

```
    <image src="{{list.civerpath}}"/>
  </view>
  //文字说明
  <view class="content">
    <text>{{list.message}}</text>
  </view>
  </view>
```

detail.js 逻辑代码如下：

```
var app=getApp();
//引用
Var fileData=require('../../utils/data.js')
Page({
  data:{
    navSectionItems:fileData.getIndexNavSectionData(),
  },
  onLoad:function(options){
    var postId=options.id;        //获取列表页传递的 id
    var shi=Math.floor(postId/10)-1
    var ge=postId%10-1
    console.log(shi)
    console.log(ge)
    console.log(options)
    console.log(this.data.navSectionItems[shi][ge])
    this.setData({
      list:this.data.navSectionItems[shi][ge]
    })
  },
})
```

7.4 详情页

详情页如图 7-2 左半部分所示，主要用来显示图像，其视图文件 detail-all.wxml 代码如下：

```
<block wx:for="{{pic}}" wx:key="this">
  <view class="tc">
    <image src="{{item}}"/>
  </view>
</block>
```

逻辑 detail-all.js 代码如下：

```
Page({
  /**
  * 页面的初始数据
  */
  data:{
    pic:["/images/fj0.jpg","/images/fj1.jpg","/images/fj2.jpg","/images/fj3.jp
g","/images/fj4.jpg","/images/fj5.jpg","/images/fj6.jpg"]
  }
})
```

7.5 预约页

预约页如图 7-2 右半部分所示，用来获取图像及昵称和收集用户其他信息，主要其视图文件代码如下：

```
<!--pages/about/about.wxml-->
<view class="container">
  <!--info-->
  <view class="user_base_info">
    <!--image-->
    <view class="user_avatar">
      <block wx:if="{{userInfo.avatarUrl}}">
        <image  src="{{userInfo.avatarUrl}}"></image>
       </block>
       <blockwx:else>
        <image  src="../../images/y.png"></image>
       </block>
     </view>
     <!--left_info-->
     <view class="user_info">
       <text>
       {{userInfo.nickName}}
         </text>
     </view>
</view>
<!--address-->
<view class="uer_addr_message">
  <view class="user_addr_item">
    <form bindsubmit="formSubmit"bindreset="formReset">
      <input placeholder='请输入姓名'class="addr_sub"name="xm"/>
      <input placeholder='请输入要浏览的景区'class="addr_sub"name="spot"/>
      <picker mode='date'class="addr_sub"bindchange="changedate"
value="{{date}}"start="2018-1-1"end="2018-12-31"name="datetime">
         请选择时间:<text>{{date}}</text>
     </picker>

     <picker mode='region'class="addr_sub"bindchange="changeregion"
value="{{date}}"name="address">
         请选择您的地区:<text>{{region}}</text>
     </picker>
     <buttontype="primary"class="btn"formType='submit'>提交数据</button>
   </form>
  </view>
 </view>
</view>
```

逻辑文件代码如下：

```
Var app=getApp()
Page({
  /**
  * 页面的初始数据
  */
  data:{
```

```
    userInfo:{},
    date:'',//时间
    region:''//地区
  },
  /**
  * 生命周期函数--监听页面加载
  */
onLoad:function(options)
  { varthat=this
  //调用一下
  app.getUserInfo(function(userInfo)
    { that.setData({
      userInfo:userInfo
     })
  })
  },
changedate:function(e)
  { this.setData({
    date:e.detail.value
  })
  },
changeregion:function(e)
  { this.setData({
    region:e.detail.value
  })
  },
  formSubmit:function(e){                console.log('form
  发生了 submit 事件,携带数据为:',e.detail.value)
  }
})
```

本章小结

本章主要通过秦岭山水案例学习小程序项目结构的组织、小程序中各类组件的使用以及小程序中数据与业务逻辑的分离等相关知识。通过本章节的学习，要求对资讯类小程序的开发有一定的认识，为后继综合类小程序开发奠定基础。

第 8 章　小程序后端开发

学习目标：

- 掌握小程序与比目后台的关联配置
- 掌握在比目后台实现数据的增、删、改、查操作
- 通过案例掌握比目后端的使用

一个完整的小程序系统，不仅需要前端，更需要服务端的支撑，以提供数据服务。也就是说，开发一个真正完整的小程序应用，需要前后端配合，小程序与远程服务器之间通过 HTTPS 传输协议进行数据交换，如图 8-1 所示。

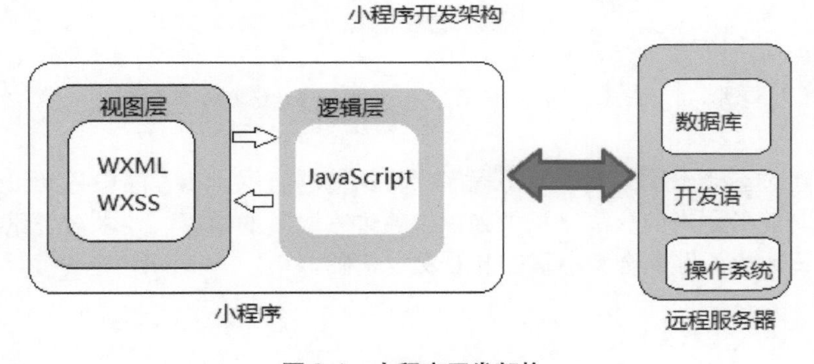

图 8-1　小程序开发架构

除了自己搭建服务端，像腾讯、百度、阿里、华为公司提供相应的云服务，支持小程序后端相应开发，本章主要讲解比目网络科技有限公司提供的 Bmob 后端云支持小程序后端开发。

8.1　比目系统简介

Bmob 后端云专注于为移动应用提供一整套后端云服务，帮助开发者免去几乎所有的服务器端编码的工作量，成倍降低开发成本和开发时间。

Bmob 提供小程序 SDK，让你拥有强大的后端服务，嵌入 Bmob 小程序 SDK，开发工

程师可以更加专注于编写前端代码和优化良好的用户体验，再也不必担心后端的基础设施的因素。

Bmob 提供成熟的 WebSocket 信道服务，降低开发者使用 WebSocket 通信的门槛，同时也满足了小程序需要 HTTPS 与服务端通信的需求。

Bmob 提供短信验证功能，只需几行简单的代码，即可实现微信小程序的用户登录、富媒体文件上传、发送短信通知和微信支付等功能。

总之，Bmob 让移动开发更简单。

8.1.1　注册 Bmob 账号

在网址栏中输入 www.bmob.cn 或者在百度的搜索框中输入 Bmob 进行搜索，打开 Bmob 官网后，点击右上角的“注册”链接，在跳转页面中填入用户名、电子邮箱、密码（见图 8-2），确认后点击“注册”按钮，再到你的邮箱激活 Bmob 账户。激活后你就拥有了 Bmob 账号，可以用 Bmob 轻松开发应用了。

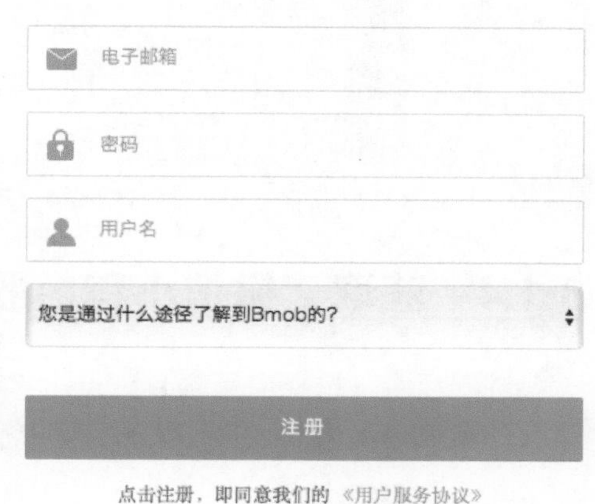

图 8-2　注册 Bmob 账号

8.1.2　创建应用

进入后台，点击左边的“应用”按钮，将出现已创建的应用和“创建应用”按钮。点击“创建应用”按钮出现如图 8-3 所示的创建应用项目页面，在弹出框中输入应用名称，然后点击“创建应用”按钮，你就拥有了一个等待开发的应用。

创建应用
应用名称：
应用类型：请选择
开发版（免费）
免费版，适用于测试项目、个人项目，项目运行在公有集群
专业版99 /月
适用于产业项目，种子期项目，项目运行在公有集群
关闭　创建应用

图 8-3　创建应用项目页面

8.1.3　给应用项目配置小程序密钥

进入后台，选择应用项目，点击左边的“设置”→“应用配置”，将你的小程序中的 AppID（小程序 ID）和 AppSecret（小程序密钥）填写到 Bmob 中，如图 8-4 所示，最后点击“保存”按钮即可。

图 8-4　应用项目中配置小程序密钥

8.1.4　获取“微信小程序服务器域名”和“应用密钥”

进入后台，选择应用项目，点击“设置”→“应用配置”，在该界面中可获得“微信小程序服务器域名配置”，在小程序配置中需要使用，如图 8-5 所示。

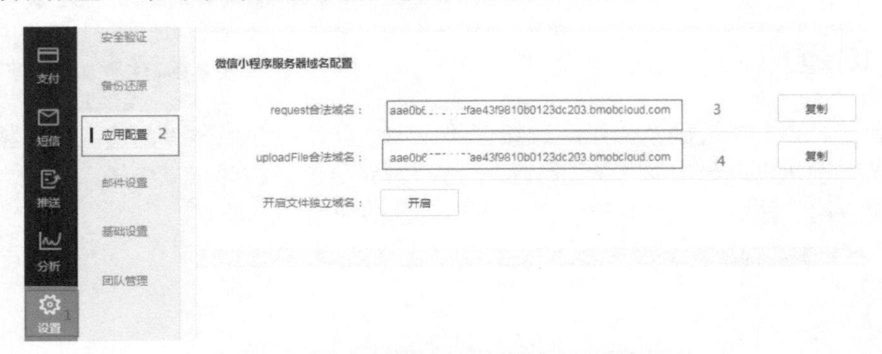

图 8-5　获取“微信小程序服务器域名配置”

进入后台，选择应用项目，点击“设置”→“应用密钥”，可获取应用项目的“Application ID”和“Secret Key”，如图 8-6 所示，在小程序开发中需要使用。

图 8-6　获取应用项目的“应用密钥”

8.1.5　配置“安全域名”

登录微信公众号平台，点击“设置”→“开发设置”，在打开的页面的“服务器域名”中输入图 8-5 中获取到的合法域名，如图 8-7 所示。

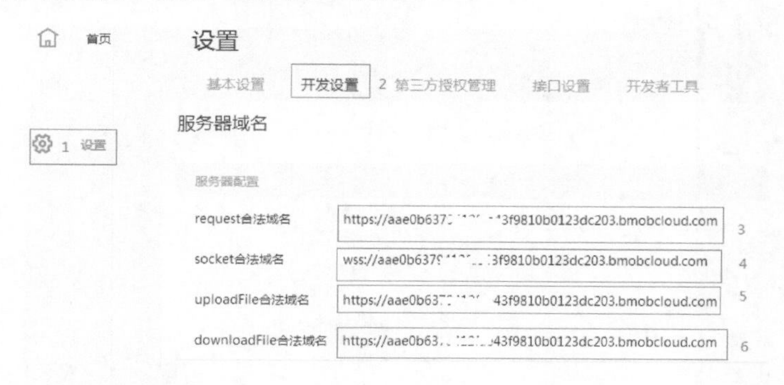

图 8-7　微信公众平台小程序后台设置“服务器域名”

8.1.6　下载及安装 Bmob SDK

登录 https://github.com/bmob/bmob-WeApp-sdk 下载 Bmod SDK，解压下载后的 SDK，把“bmob-min.js”和“underscore.js”文件放到相应的位置，例如放到小程序中的 utils 目录中，在其他需要使用的页面中添加以下代码：

```
var Bmob = require('../../utils/bmob.js');
```

同时，在小程序项目的 app.js 中加入下面两行代码进行全局初始化：

```
var Bmob = require('utils/bmob.js');
Bmob.initialize("你的 Application ID","你的 REST API Key");//图 8-6 中的相应内容
```

8.2　Bmob 中实现数据的增、删、改、查操作

为了便于在 Bmob 中实现数据的增、删、改、查操作，我们在新建应用中新增“test”表，表中添加 id（编号）、title（标题）、content（内容）、image（图像）字段，如图 8-8 所示。

创建表
表名称：自定义　test
表名称只能20以内字母、数字、下划线，必须以字母开头
表注释：测试
关闭　创建表

图 8-8　在应用项目中新添加“test”表

在“test”表中添加 id、title、content、image 列，Bmob 提供 Number、String、Boolean、Date、File、Geopoint、Array、Object、Pointer、Relation 共 10 种字段类型，如图 8-9 所示。

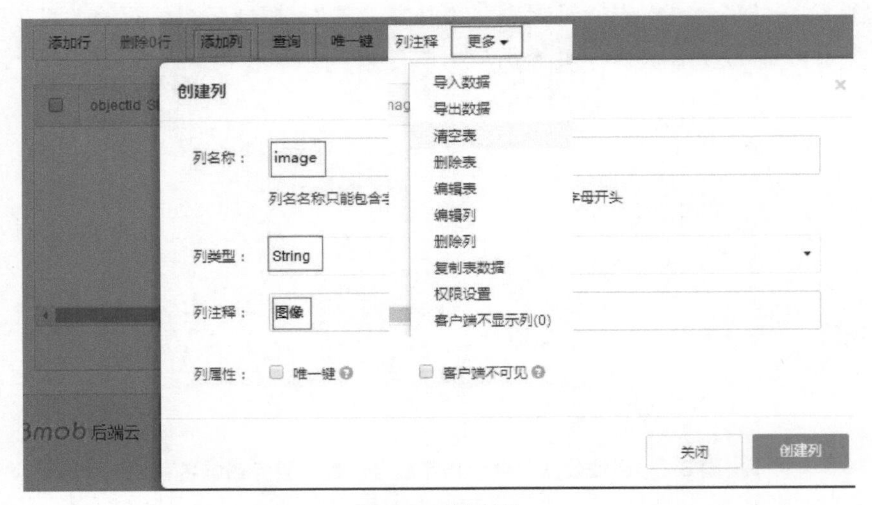

图 8-9　创建列

通过“更多”选项可实现快速导入/导出数据、删除/编辑表、编辑/删除列等操作。

8.2.1　添加一行记录

添加一行记录，如图 8-10 所示，其代码如下：

```
//.wxml
<button type="primary" bindtap='add'>添加记录</button>
//.js
Var Bmob=require('../../utils/bmob.js');
Page({
    data:{
    },
    add:function(){
      var Test=Bmob.Object.extend("test");//创建类
      var test=newTest();//创建对象
      test.set("title","WXML");//添加 title 字段内容
      test.set("content","WeixinMarkupLanguage 微信标记语言");//添加 content 字段内容
      //添加数据,第一个入口参数是 null
      test.save(null,{
        success:function(result){
          //添加成功,返回成功之后的 objectId(注意:返回的属性名字是 id,不是 objectId),你还
可以在 Bmob 的 Web 管理后台看到对应的数据
          console.log("添加成功,objectId:"+result.id);
        },
        error:function(result,error){
          // 添加失败
          console.log('添加失败');
        }
      });
    },
})
```

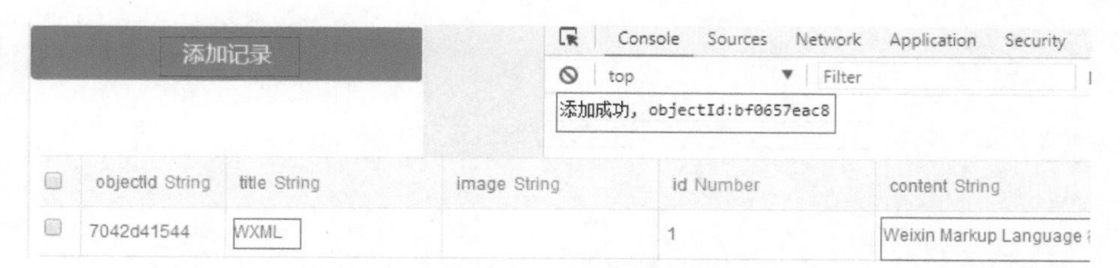

图 8-10　添加一行记录

8.2.2　获取一行记录

获取一行记录，如图 8-11 所示，其代码如下：

```
//.wxml
<button type="primary" bindtap="query">获取记录</button>
//.js
query:function(){
  var Test=Bmob.Object.extend("test");
  var query=new Bmob.Query(Test);
  query.get("bf0557eac8",{
    success:function(result){
      //The object was retrieved successfully.
      console.log("该记录标题为"+result.get("title"));
      console.log("该记录的内容为"+result.get("content"));
    },
    error:function(result,error){
      console.log("查询失败");
    }
  });
},
```

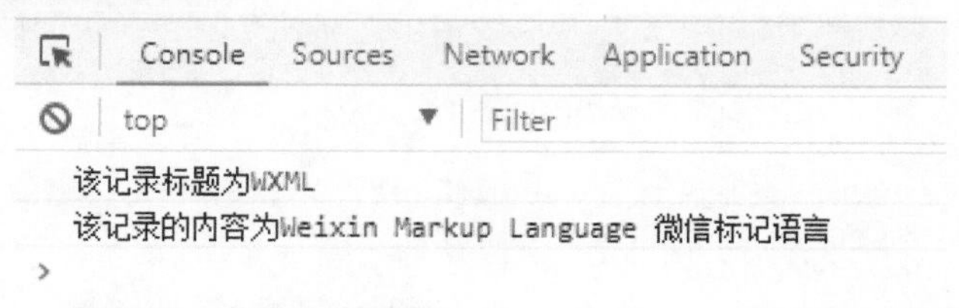

图 8-11　获取一行记录

8.2.3　修改一行记录

修改一行记录，如图 8-12 所示，其代码如下：

```
//.wxml
<button type="primary" bindtap="modi">修改记录</button>
//.js
//修改一行记录
modi:function(){
  var Test=Bmob.Object.extend("test");
  var query=newBmob.Query(Test);
  //这个 id 是要修改条目的 id,在生成这个存储并成功时可以获取到,请看前面的文档
```

```
  query.get("79219a1631",
    { success:function(result)
    {
      //回调中可以取得这个diary对象的一个实例,然后就可以修改它了
      result.set('title',"WXSS");
      result.set('content',"WenXinStyleSheets");
      result.save();
      //The objectwasretrievedsuccessfully.
      console.log("修改成功")
      console.log(("该记录标题修改为"+result.get("title"));
      console.log(("该记录内容修改为"+result.get("content"));
    },
    error:function(object,error){
      console.log("修改失败")
    }
  });
},
```

图 8-12　修改一行记录

8.2.4　删除一行记录

删除一行记录，其代码如下：

```
//.wxml
<button type="primary"bindtap="del">删除记录</button>
//.js
//删除objectId为6c104ecb86的记录
del:function(){
  var Test=Bmob.Object.extend("test");
  var query=newBmob.Query(Test);
  query.get("6c104ecb86",{
    success:function(object){
      //Theobjectwasretrievedsuccessfully.
      object.destroy({
        success:function(deleteObject){
          console.log('删除记录成功');
        },
        error:function(object,error)
          { console.log('删除记录失败');
          }
      });
    },
    error:function(object,error){
      console.log("修改失败");
    }
  });
},
```

8.2.5 查询所有数据

Bmob 提供可以获得某个数据表中的所有数据（默认是 10 条记录），其代码如下：

```
//.wxml
<button type="primary"bindtap="queryall">获取所有数据记录</button>
//.js
//获取数据表中所有的数据
queryall:function(){
  var Test=Bmob.Object.extend("test");//test 数据表
  var query=newBmob.Query(Test);
  // 查询所有数据
  query.find({
    success:function(results){
      console.log("共查询到"+results.length+"条记录");
      // 循环处理查询到的数据
      for(var i=0;i<results.length;i++)
        { var object=results[i];
        console.log(object.id+'-'+object.get('title')+'-
'+object.get('content'));
      }
  },
  error:function(error){
    console.log("查询失败:"+error.code+""+error.message);
  }
 });
},
```

其结果如图 8-13 所示。

图 8-13 获取所有数据

8.2.6 条件查询

Bmob 中提供的查询条件方法主要有：等于（equalTo）、不等于（notEqualTo）、小于（lessThan）、小于等于（lessThanOrEqualTo）、大于（greaterThan）、大于等于（greaterThanOrEqualTo）等。条件查询代码如下：

```
//.wxml
<button type="primary" bindtap="wherequery">条件查询</button>
//.js
//条件查询
wherequery:function(){
```

```
 var Test=Bmob.Object.extend("test");
 var query=newBmob.Query(Test);
 query.equalTo("title","WXML");    //查询 title 等于"WXML"的记录
 //查询所有数据
 query.find({
   success:function(results){
     console.log("共查询到"+results.length+"条记录");
     //循环处理查询到的数据
     for(var i=0;i<results.length;i++)
       { varobject=results[i];
       console.log(object.id+'-'+object.get('title'));
      }
    },
    error:function(error){
      console.log("查询失败:"+error.code+""+error.message);
    }
  });
},
```

运行结果如图 8-14 所示。

图 8-14　条件查询

8.2.7　分页查询

有时，在数据比较多的情况下，你希望查询出的符合要求的所有数据均能按照多少条为一页来显示，这时可以使用 limit 方法限制查询结果的数据条数来进行分页。默认情况下，Limit 的值为 10，最大有效设置值为 1000。

```
query.limit(10);
```

同时，采用 skip 方法可以做到跳过查询的前多少条数据来实现分页查询的功能。默认情况下 skip 的值为 10。

```
query.skip(10);
```

8.3　上传图片

8.3.1　上传一张图片并显示

Bmob 提供文件后端保存功能，利用这一功能我们可以把本地文件上传到 Bmob 后台，并按上传日期给文件命名。上传一张图片并显示代码如下：

```
//.wxml
<button  type="primary"bindtap="upimage">上传一张图片</button>
<image  src="{{url}}"></image>
//.js
//上传一张图片
  upimage:function(){
    var that=this;
    wx.chooseImage({
      count:1,//默认 9
      sizeType:['compressed'],//用于指定是原图还是压缩图,默认两者都有
      sourceType:['album','camera'],//用于指定图片来源是相册还是相机,默认两者都有
      success:function(res){
        var tempFilePaths=res.tempFilePaths;
        if(tempFilePaths.length>0){
          var newDate=newDate();
          var newDateStr=newDate.toLocaleDateString();//获取当前日期做文件主名
          var tempFilePath=[tempFilePaths[0]];
          var extension=/\.([^.]*)$/.exec(tempFilePath[0]);//获取文件扩展名
          if(extension){
            extension=extension[1].toLowerCase();
          }
          var name=newDateStr+"."+extension;//上传的图片的别名

          var file=newBmob.File(name,tempFilePaths);
          file.save().then(function(res){
            console.log(res.url());
            varurl=res.url();
            that.setData({
              url:url
            })
          },function(error)
            { console.log(error
            );
          })
        }
      }
    })
},
```

其运行结果如图 8-15 所示。

图 8-15　上传一张图片并显示

8.3.2 上传多张图片并显示

Bmob 支持一次上传多张图片，并将图片保存到素材库中。上传多张图片并显示代码如下：

```
//.wxml
<button type="primary" bindtap="uppic">上传多张图片</button>
<block wx:for="{{list}}"wx:key="this">
   <imagesrc="{{item.url}}"/>
  </block>
  //.js
uppic:function()
  { var that=
  this;
  wx.chooseImage({
    count:9,//默认 9
    sizeType:['compressed'],//用于指定是原图还是压缩图,默认两者都有
    sourceType:['album','camera'],//用于指定图片来源是相册还是相机,默认两者都有
    success:function(res)
      { wx.showNavigationBarLoading
      ()that.setData({
        loading:false
      })
      Var urlArr=newArray();
      Var tempFilePaths=res.tempFilePaths;
      console.log(tempFilePaths)
      var imgLength=tempFilePaths.length;
      if(imgLength>0){
        var newDate=newDate();
        var newDateStr=newDate.toLocaleDateString();
        var j=0;
        for(var i=0;i<imgLength;i++)
          { var tempFilePath=
          [tempFilePaths[i]];
          Var extension=/\.([^.]*)$/.exec(tempFilePath[0]);
          if(extension){
            extension=extension[1].toLowerCase();
      }
          var name=newDateStr+"."+extension;//上传的图片的别名
          var file=newBmob.File(name,tempFilePath);
          file.save().then(function(res){
            wx.hideNavigationBarLoading()
            var url=res.url();
            console.log("第"+i+"张 Url"+url);
            that.setData({
              url:url
            })
            urlArr.push({"url":url});
            that.setData({
              list:urlArr
            })
            console.log(list)
            j++;
            console.log(j,imgLength);
            //if(imgLength==j){
            //console.log(imgLength,urlArr);
            //如果担心网络延时问题,可以去掉这几行注释,就是全部上传完成后显示。
            showPic(urlArr,that) //显示图片
            // }
```

```
        },function(error){
          console.log(error)
        });
      }
    }
  }
  })
},
```

其运行结果如图 8-16 所示。

图 8-16　上传多张图片并显示

8.4　简单留言板

本节以简单留言板为例，介绍小程序项目的开发过程及代码实现，帮助小程序开发者积累项目开发的实战经验。

8.4.1　需求分析

留言板是一款能实现浏览留言、发表留言、删除留言和编辑留言的小程序，用户能够浏览当前已留言内容，并且能按照时间的升序顺序来查看最新的留言内容；能够发表自己的留言内容，在留言发表页填写相关项后即可发表，并能查看到新留言内容；能够删除不需要的留言；能够修改留言内容。因此简单留言板的功能可总结为显示留言、发表留言、删除留言和编辑留言。

8.4.2　视图层设计

根据功能需求分析，共设计 4 个页面：首页（显示留言页）、发表留言页、编辑留言页和详细页。

首页可以显示留言，如图 8-17 所示。

点击首页中的“发表留言”图标，出现如图 8-18 所示页面即发表留言页，可发表留言。

在某一留言上点击，可显示该留言详细页，即详细页如图 8-19 所示。

点击“删除”，可删除该留言内容，如图 8-20 所示。

点击“编辑”，打开编辑留言页，可编辑该留言内容，如图 8-21 所示。

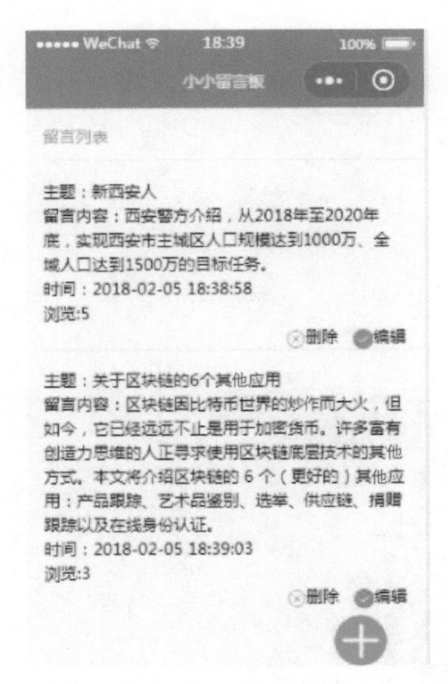

图 8-17　首页 UI

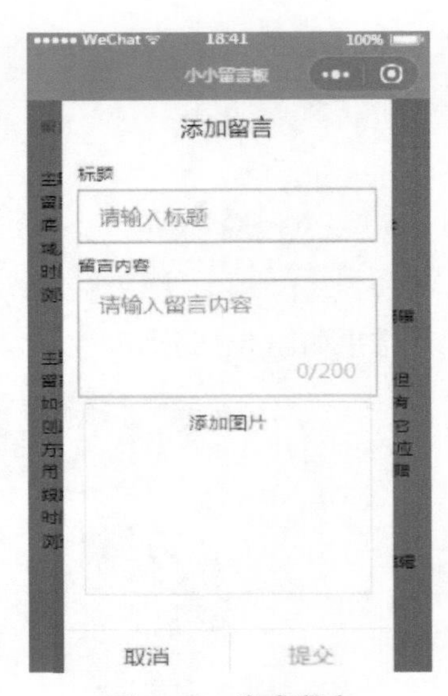

图 8-18　发表留言

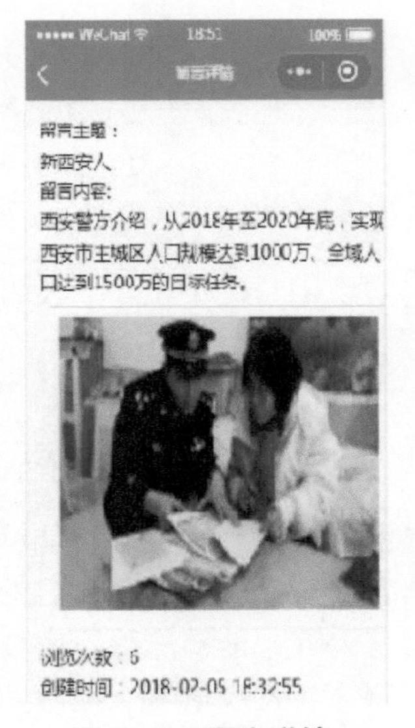

图 8-19　留言详情

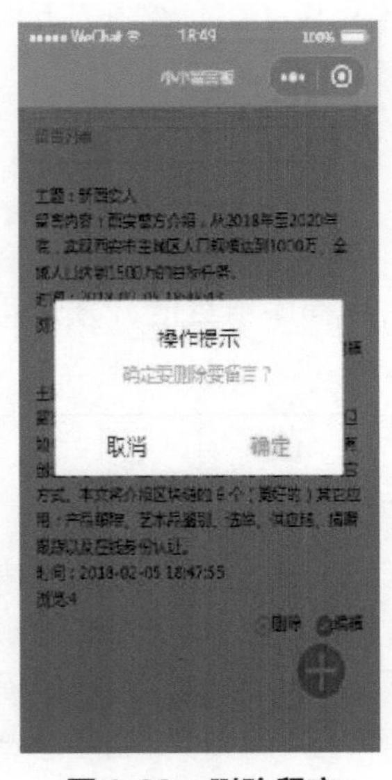

图 8-20　删除留言

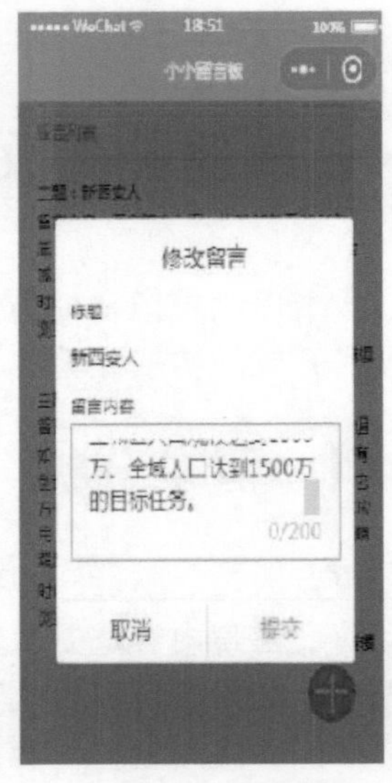

图 8-21　修改留言

8.4.3　数据库设计

根据留言板功能，设计数据库表名为 test，其中设计的字段有编号（id，Number）、标题（title，String）、内容（content，String）、图像（image，String）、次数（count，Number）5 个字段，通过 Bmob 后端云设计。

8.4.4　代码实现

1．应用配置

小程序代码实现的第一步是设置整个应用的配置代码，修改根目录下的 app.json，代码如下：

```
{
  "pages":[
     "pages/index/index",
     "pages/detail/detail"
     ],
  "window":
  { "backgroundTextStyle":
  "light",
  "navigationBarBackgroundColor":"#3891f8",
  "navigationBarTitleText":"小小留言板",
  "navigationBarTextStyle":"#fff"
  }
}
```

app.js 代码配置如下:

```
//app.js
varBmob=require('utils/bmob.js')
Bmob.initialize("aae0b***01","34a***642");//你的 ApplicationID","你的 RESTAPIKey
App({
})
```

2．首页

（1）index.wxml 代码

首页实现留言内容的显示，其 index.wxml 代码由以下三部分组成。

- 以下代码用来实现图 8-17 所示的显示留言功能:

```
<image class="toWrite"bindtap="toAddDiary"src="/image/add.png"/>
<view class="page">
  <scroll-view lower-threshold="800" bindscrolltolower="pullUpLoad"
upper-threshold="0" scroll-y="true" style="height:{{windowHeight}}px;">
    <view class="page_bd">
      <view class="weui-panel_hd">留言列表</view>
        <view>
          <block wx:if="{{diaryList.length>0}}">
            <navigator class="weui-media-box weui-media-box_text"
wx:for="{{diaryList}}"wx:key="diaryItem"
url="/pages/detail/detail?objectId={{item.objectId}}&count={{item.count}}">
              <view class="title">
                主题:{{item.title}}</view>
              <view class="content">留言内容:{{item.content}}</view>
              <view class="info">
                <view class="time">时间:{{item.updatedAt}}</view>
                <view class="count">浏览:{{item.count}}</view>
                <view class="operate">
                  <icon type="canceldels"size="16"></icon>
                 <text class="del" catchtap="deleteDiary"data-id="{{item.objectId}}">
删除</text>
                 <icon type="successedits" size="16"></icon>
                 <text catchtap="toModifyDiary" data-id="{{item.objectId}}"
data-content="{{item.content}}" data-title="{{item.title}}">编辑</text>
              </view>
             </view>
           </navigator>
         </block>
       </view>
     </view>
```

```
    </scroll-view>
</view>
```

- 以下代码用来实现图 8-18 所示的发表留言功能：

```
<view class="js_dialog" id="androidDialog1" style="opacity:1;"
wx:if="{{writeDiary}}">
  <view class="weui-mask"></view>
  <view class="weui-dialogweui-skin_android">
    <view class="weui-dialog_hd">
    <strong class="weui-dialog_title">添加留言</strong>
  </view>
  <form bindsubmit="addDiary" report-submit="true">
    <view class="weui-dialog_bd">
      <view class="weui-cells_title">标题</view>
      <view class="weui-cells weui-cells_after-title">
        <view class="weui-cell weui-cell_input">
          <view class="weui-cell_bd">
            <input class="weui-input" name="title" placeholder="请输入标题"/>
          </view>
        </view>
      </view>
      <view class="weui-cells_title">留言内容</view>
      <view class="weui-cellsweui-cells_after-title">
        <view class="weui-cell">
          <view class="weui-cell_bd">
            <textarea class="weui-textarea" name="content"placeholder="请输入留言内
容"style="height:3.3em"/>
            <view class="weui-textarea-counter">0/200</view>
          </view>
          </view>
        </view>
        <view class="pic">
          <view class="pictext" bindtap="uppic">添加图片</view>
          <block wx:if="{{isTypeof(url)}}">
            <image src="/image/plus.png"/>
          </block>
          <block wx:else>
            <image  src="{{url}}"/>
          </block>
         </view>
        </view>
        <view class="weui-dialog_ft">
          <view class="weui-dialog_btn weui-dialog_btn_default"
bindtap="noneWindows">取消</view>
          <button loading="{{loading}}" class="weui-dialog_btn
weui-dialog_btn_primary" formType="submit">提交</button>
        </view>
     </form>
   </view>
</view>
```

- 以下代码用来实现图 8-21 所示的修改留言功能：

```
<view class="js_dialog" id="androidDialog2" style="opacity:1;"
wx:if="{{modifyDiarys}}">
  <view class="weui-mask"></view>
  <view class="weui-dialog weui-skin_android">
    <view class="weui-dialog_hd">
```

```
      <strong class="weui-dialog_title">修改留言</strong>
     </view>
     <form bindsubmit="modifyDiary">
      <view class="weui-dialog_bd">
        <view class="weui-cells_title">标题</view>
        <input class="weui-input" name="title" value="{{nowTitle}}"placeholder="
请输入标题"/>
        <view class="weui-cells_title">留言内容</view>
        <view class="weui-cells weui-cells_after-title">
          <view class="weui-cell">
            <view class="weui-cell_bd">
             <textarea class="weui-textarea" name="content" value="{{nowContent}}"
placeholder="请输入留言内容"style="height:3.3em"/>
              <view class="weui-textarea-counter">0/200</view>
            </view>
          </view>
        </view>
      </view>
      <view class="weui-dialog_ft">
        <view class="weui-dialog_btnweui-dialog_btn_default"
bindtap="noneWindows">取消</view>
        <button loading="{{loading}}" class="weui-dialog_btn
weui-dialog_btn_primary" formType="submit">提交</button>
      </view>
     </form>
   </view>
</view>
```

（2）index.js 逻辑代码

引入 Bmob 逻辑文件及初始化数据代码如下：

```
//index.js
Var Bmob=require('../../utils/bmob.js');
Var common=require('../../utils/common.js');
Var app=getApp();
Var that;
Var url=''
Page({
  data:{
    writeDiary:false,    //写留言
    loading:false,
    windowHeight:0,      //定义窗口高度
    windowWidth:0,       //定义窗口宽度
    limit:10,            //定义数据提取条数
    diaryList:[],        //定义数据列表
    modifyDiarys:false
},
```

获取并显示留言数据代码如下：

```
onShow:function(){ get
    List(this);
    wx.getSystemInfo({
      success:(res)=>
        { that.setData({
          windowHeight:res.windowHeight,
          windowWidth:res.windowWidth
        })
```

```
      }
    })
}
/*
* 获取数据
*/
Function getList(t,k){
  that=t;
  var Diary=Bmob.Object.extend("test");//数据表 test
  var query=new Bmob.Query(Diary);
  var query1=newBmob.Query(Diary);

  query.descending('createdAt');
  query.include("own")
  // 查询所有数据
  query.limit(that.data.limit);

  var mainQuery=Bmob.Query.or(query,query1);
  mainQuery.find({
    success:function(results){
      //循环处理查询到的数据
      console.log(results);
      that.setData({
        diaryList:results
      })
    },
    error:function(error){
      console.log("查询失败:"+error.code+""+error.message);
    }
  });
}
```

添加数据代码如下：

```
toAddDiary:function(){
    that.setData({
      writeDiary:true
    })
  },
//添加图片
uppic:function(){
    var that=this;
    wx.chooseImage({
      count:1,//默认 9
      sizeType:['compressed'],//用于指定图片是原图还是压缩图,默认两者都有
      sourceType:['album','camera'],//用于指定图片来源是相册还是相机,默认两者都有
      success:function(res){
        var tempFilePaths=res.tempFilePaths;
        if(tempFilePaths.length>0){
          var newDate=new Date();
          var newDateStr=newDate.toLocaleDateString();//获取当前日期做文件主名
          var tempFilePath=[tempFilePaths[0]];
          var extension=/\.([^.]*)$/.exec(tempFilePath[0]);//获取文件扩展名
          if(extension){
            extension=extension[1].toLowerCase();
          }
          Var name=newDateStr+"."+extension;//上传的图片的别名
          Var file=new Bmob.File(name,tempFilePaths);
          file.save().then(function(res){
```

```
            console.log(res.url());
            url=res.url();
            that.setData({
              url:url
            })
          },function(error){
            console.log(error);
          })
        }
      }
    })
  },
//添加留言数据
addDiary:function(event){
    var title=event.detail.value.title;
    var content=event.detail.value.content;
    var formId=event.detail.formId;
    console.log("event",event)
    if(!title){
      common.showTip("标题不能为空","loading");
    }
    else if(!content){
      common.showTip("内容不能为空","loading");
    }
    else{
      that.setData({
        loading:true
    })
    Var currentUser=Bmob.User.current();
    Var User=Bmob.Object.extend("_User");
    Var UserModel=newUser();
    //增加留言
    Var Diary=Bmob.Object.extend("test");//数据表 test
    Var diary=newDiary();
    diary.set("title",title);        //保存 title 字段内容
    diary.set("formId",formId);      //保存 formId
    diary.set("content",content);    //保存 content 字段内容
    diary.set("image",url)           //保存图片地址
    diary.set("count",1)             //保存浏览次数
    if(currentUser){
      UserModel.id=currentUser.id;
      diary.set("own",UserModel);
    }
    //添加数据,第一个入口参数是 null
    diary.save(null,{
      success:function(result){
        //添加成功,返回成功之后的 objectId(注意:返回的属性名字是 id,不是 objectId),你还可
以在 Bmob 的 Web 管理后台看到对应的数据
        common.showTip('添加日记成功');
        that.setData({
          writeDiary:false,
          loading:false
        })

        var currentUser=Bmob.User.current();
        that.onShow();
      },
      error:function(result,error){
```

```
        // 添加失败
        common.showTip('添加留言失败,请重新发布','loading');
      }
    });
  }
},
```

删除留言代码如下：

```
//删除留言
  deleteDiary:function(event){
    var that=this;
    var objectId=event.target.dataset.id;
    wx.showModal({
      title:'操作提示',
      content:'确定要删除要留言?',
      success:function(res){
        if(res.confirm){
          //删除留言
          Var Diary=Bmob.Object.extend("test");
          //创建查询对象,入口参数是对象类的实例
          Var query=newBmob.Query(Diary);
          query.get(objectId,{
            success:function(object){
              //The object was retrievedsuccessfully.
              object.destroy({
                success:function(deleteObject){
                  console.log('删除留言成功');
                  getList(that)
                },
              error:function(object,error){
                console.log('删除留言失败');
              }
            });
          },
          error:function(object,error)
            { console.log("queryobject
            fail");
          }
        });
      }
    }
  })
```

编辑留言代码如下：

```
toModifyDiary:function(event){
    varnowTile=event.target.dataset.title;
    varnowContent=event.target.dataset.content;
    varnowId=event.target.dataset.id;
    that.setData({
      modifyDiarys:true,
      nowTitle:nowTile,
      nowContent:nowContent,
      nowId:nowId
    })
  },
  modifyDiary:function(e)
    { vart=this;
```

```
    modify(t,e)
  }
Function modify(t,e)
  { varthat=t;
  //修改日记
  var modyTitle=e.detail.value.title;
  var modyContent=e.detail.value.content;
  var objectId=e.detail.value.content;
  var thatTitle=that.data.nowTitle;
  var thatContent=that.data.nowContent;
  if((modyTitle!=thatTitle||modyContent!=thatContent)){
    if(modyTitle==""||modyContent==""){
      common.showTip('标题或内容不能为空','loading');
    }
    else{
      console.log(modyContent)
      var Diary=Bmob.Object.extend("test");
      var query=newBmob.Query(Diary);
      //这个 id 是要修改条目的 id,在生成这个存储并成功时可以获取到,请看前面的文档
      query.get(that.data.nowId,{
        success:function(result){
          //回调中可以取得这个 GameScore 对象的一个实例,然后就可以修改它了
          result.set('title',modyTitle);
          result.set('content',modyContent);
          result.save();
          common.showTip('留言修改成功','success',function(){
            that.onShow();
            that.setData({
              modifyDiarys:false
            })
          });
        },
        error:function(object,error){
        }
       });
     }
   }
else if(modyTitle==""||modyContent==""){
  common.showTip('标题或内容不能为空','loading');
}
else{
  that.setData({ modify
    Diarys:false
  })
  common.showTip('修改成功','loading');
 }
}
```

3．详情页

详情页用来显示详细显示某一留言信息，其视图层/pages/detail/detail.wxml 代码如下：

```
<!--pages/index/detail/index.wxml-->
<viewclass="page">
  <view>
    <view>
    <view>留言主题:</view>
    <view>{{rows.title}}</view>
    <view>
```

```
      <view>留言内容:</view>
        <view>{{rows.content}}</view>
      <viewclass="pic">
        <imagesrc="{{rows.image}}"/>
      </view>
      <view>
        浏览次数:{{rows.count}}
      </view>
      <view>创建时间:{{rows.createdAt}}</view>
        </view>
      </view>
    </view>
    <view class="footer">
      <text> Copyright©2017-2019 www.smartbull.cn</text>
    </view>
</view>
```

逻辑层/pages/detail/detail.js 代码如下：

```
Var Bmob=require('../../utils/bmob.js');
Page({
  data:{
    rows:{}//留言详情
  },
  onLoad:function(e){
    //页面初始化 options 为页面跳转所带来的参数
    console.log(e.objectId)
    var objectId=e.objectId;
    var newcount=e.count;
    var that=this;
    var Diary=Bmob.Object.extend("test");
    var query=newBmob.Query(Diary);
    query.get(objectId,
      {  success:function
      (result){
        console.log(result);
      that.setData({
        rows:result,
      })
      newcount=parseInt(newcount)+1  //浏览次数加 1
      result.set("count",newcount)   //保存浏览次数
      result.save()
    },
    error:function(result,error){
      console.log("查询失败");
    }
  });
 }
})
```

本章小结

本章首先讲解一个完整的小程序项目开发需要前后端两大部分的设计，然后主要介绍 Bmob 后端的注册、后台配置、在 Bmob 中如何实现数据的增删改查及图片文件的上传，最后以简单留言板案例讲解一个完整的小程序系统开发，为以后开发小程序系统打开良好的基础。

思考练习题

一、选择题

1. 小程序后端开发支持的开发语言有（　　）。

A. Java　　B. C#　　C. php　　D. Node.js

2. 在 Bmob 后端云系统中，保存图像文件的字段类型建议选择哪类（　　）。

A. String　　B. File　　C. Array　　D. Object

E. Relation

3. Bmob 后端云实现数据查询的方法有（　　）。

A. find　　B. first　　C. get　　D. save

4. 在 Bmob 后端云中创建一个 Test 类的方法为（　　）。

A. varTest=Bmob.Object（"test"）　　B. varTest=Bmob.Object.extend（"test"）

C. varTest=Bmob.Test　　D. var Test=newTest（）

5. 在分页查询中，如果每次查询 20 条数据，应如何设置（　　）。

A. limit（20）　　B. skip（20）　　C. limit（0，20）　　D. skip（0，20）

二、登录 https://cloud.tencent.com（腾讯云），进入腾讯云开发实验室，创建基于 CentOS 搭建微信小程序服务（大约需要 3 小时）。

第 9 章　小程序运营

学习目标：

- 掌握小程序线上运营推广方式
- 掌握小程序线下运营推广方式
- 掌握小程序第三方运营推广方式
- 通过案例掌握小程序运营推广综合技能

9.1　线上运营推广方式

小程序自上线以来，不断地释放新功能，迭代更新，经过一年多的发展，日活跃用户达 1.7 亿，累计已有 58 万个小程序上线运行，小程序成爆发式增长。小程序开启了互联网创业 3.0 时代，微信庞大的流量与平台能力，也在不断地赋能于小程序。

小程序主要更新项目如表 9-1 所示。

表 9-1　小程序主要更新项目

序号	时间	主要更新功能
1	2016.9.23	功能内测
2	2016.11.3	开放公测
3	2016.12.21	新增分享、模板消息、客服消息、扫一扫、带参数二维码功能
4	2017.1.9	正式上线
5	2017.3.27	1. 个人开发者可申请小程序 2. 公众号自定义菜单，点击可打开相关小程序 3. 公众号模板消息可打开相关小程序 4. 公众号关联小程序时可选择给粉丝下发通知 5. 移动 App 可分享小程序页面 6. 扫描普通链接二维码可打开小程序
6	2017.3.28	低功耗蓝牙、卡券能力、共享微信通信地址
7	2017.4.14	开放长按识别小程序二维码
8	2017.4.17	（1）第三方平台支持小程序授权托管 （2）新增数据分析接口
9	2017.4.18	发布图形小程序码
10	2017.4.20	公众平台调整公众号关联小程序的新规则

（续表）

序号	时间	主要更新功能
11	2017.4.22	公众号群发文章支持添加小程序
12	2017.4.25	公众号和小程序名称支持同主体复用
13	2017.4.26	公众平台新增快速创建小程序
14	2017.4.28	公众号可快速注册、认证小程序
15	2017.5.8	开放群相关能力
16	2017.5.10	新增“附近的小程序”入口
17	2017.5.12	发布小程序数据助手
18	2017.5.19	页面可以放置转发按钮
19	2017.5.27	（1）小程序码生成数量不受限制 （2）模板消息功能升级 （3）新增用户图像数据
20	2017.6.1	（1）微信支付后进小程序 （2）新增通过文字或图片链接打开小程序的功能
21	2017.6.3	后台支持开发者添加与业务相关的自定义关键词
22	2017.6.14	（1）新增“星标”功能 （2）支持小程序关键词搜索
23	2017.6.21	（1）新增打开小程序的能力 （2）门店小程序的门店页支持添加视频 （3）门店小程序支持接口管理
24	2017.6.27	新增公共库最低版本设置选项
25	2017.7.5	测试公众号文章广告功能
26	2017.7.6	（1）新增运维中心 （2）第三方平台可代公众号/小程序创建并绑定微信开放平台账号
27	2017.7.7	发布“公众号数据助手”小程序
28	2017.7.11	（1）提升界面体验 （2）丰富内容展示组件 （3）完善系统硬件能力
29	2017.7.21	（1）状态信息展示 （2）门店小程序数据查询 （3）数据分析能力升级 （4）模板消息管理接口
30	2017.7.27	升级用户信息和 UnionID 的获取方式
31	2017.8.3	新增“聊天小程序”入口
32	2017.8.5	（1）公众号关联小程序规则调整 （2）门店小程序可跳转到关联的小程序 （3）支持版本回退
33	2017.8.16	个人主体小程序新增每年两次改名机会
34	2017.8.17	（1）“附近的小程序”新增“餐饮美食”分类功能 （2）小程序后台“成员管理”功能升级
35	2017.8.18	（1）可自定义分享图片 （2）客服消息支持发送小程序卡片 （3）从 App 分享小程序消息到微信中，支持获取群相关信息 （4）在小程序中可以快速获取用户保存的发票抬头信息 （5）开发者可以使用指纹识别功能 （6）提供用户设置的手机字体大小信息
36	2018.8.24	手机号快速填写及会员卡开卡组件开放

（续表）

序号	时间	主要更新功能
37	2018.8.30	（1）新增小程序测试系统 （2）腾讯云工具 （3）运维中心新增“性能测试” （4）小程序分阶段发布 （5）WXS 脚本语言
38	2017.9.1	小程序 LBS 推广开放内测申请
39	2017.9.8	（1）微信搜索框下提供小程序快捷入口 （2）微信支付后可勾选查看关联公众号
40	2017.9.22	“公众号数据助手”官方小程序升级为“公众平台助手”小程序
41	2017.10.13	多媒体等能力升级、访问来源信息完善
42	2017.11.2	（1）内嵌网页功能开放 （2）可关联 500 公众号
43	2017.11.9	微信公众号广告支持小程序落地页投放“小程序开发助手”发布
44	2017.11.16	推出“小店”小程序
45	2017.11.29	公众号灰度小测试群发小程序卡片功能
47	2017.12.6	“附近的小程序”新增分类：美妆护理、生鲜果蔬、服饰箱包等
48	2017.12.26	（1）升级实时音频录制及播放能力 （2）开放更多的硬件连接能力 （3）优化基础特性 （4）增强第三方平台能力
49	2017.12.28	（1）新增小程序任务栏 （2）菜单升级，并支持小程序间快捷切换 （3）支持小游戏开发

随着小程序后继不断推出新功能，小程序发展具有无限可能性，企业使用小程序会获取更多的流量及用户和市场，进而帮助更多的企业和服务提供者建立自己的品牌。

传统的 App 应用开发完成之后，主要通过与百度应用、360 手机助手、AppStore 等应用市场进行合作，引导用户下载安装，推广成本高。小程序则更多借助微信朋友圈、线下经营门店、优惠促销活动等吸引用户扫描添加，综合推广成本低。

目前小程序线上推广方式主要有以下几种方式。

1．“附近的小程序”入口

“附近的小程序”基于 LBS 的门店位置的推广，会自然带来访问量，为门店带来有效客户。“附近的小程序”新增餐饮美食、服饰箱包、生鲜果蔬等类别，因此要想在“附近的小程序”中出现并排名靠前，小程序申请时的名称及类别选择是相当重要的。小程序的名称相当于网站的“域名”，最好见名知意、短小精练和小程序功能一致，能体现企业品牌。

2．通过关键词推广

开发者可在小程序后台的“推广”模块中，配置与小程序业务相关的关键词。关键词在配置生效后，会和小程序的服务质量、用户使用情况、关键词相关性等因素，共同影响搜索结果。开发者可在小程序后台的“推广”模块中，查看通过自定义关键词带来的访问次数。

业内人士搜索过非常多的关键词并进行研究，得出的结论是，目前排名规则还是比较简单的，各因素占比大概为：

- 小程序上线时间（占比 5%）。
- 描述中完全匹配出现关键词次数越多，排名越靠前（占比 10%）。
- 标题中关键词出现 1 次，且整体标题的字数越短，排名越靠前（占比 35%）。
- 微信小程序用户使用数量越多，排名越靠前（占比 50%）。

3．通过公众号关联方式推广

微信团队规定，公众号可关联同主体的 10 个小程序及不同主体的 3 个小程序。同一个小程序可关联最多 500 个公众号。通过“微信公众平台”→“小程序”→“小程序管理”可实现公众号关联小程序功能。通过公众号关联小程序，它们可以实现更多的功能，如图 9-1 所示。

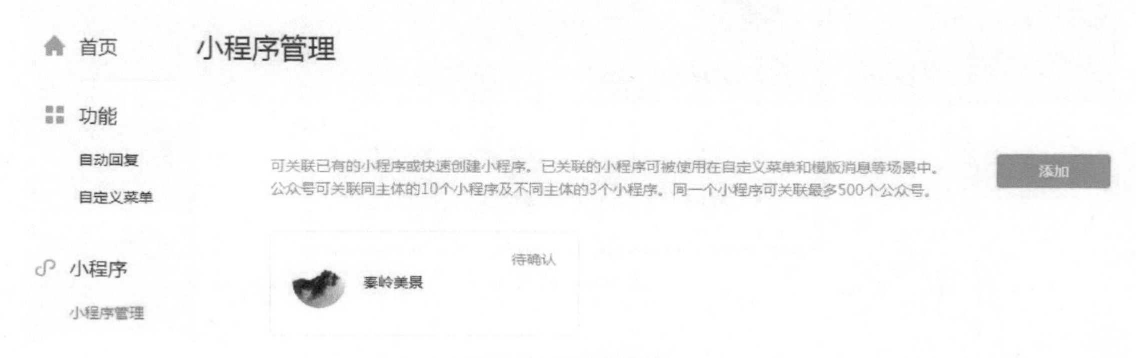

图 9-1 小程序管理

（1）相互转化。不管是通过公众号流量导入小程序，还是通过小程序往公众号引流，两者都是相互连通的。

（2）更多的营销。在公众号内无法实现的营销手段，可有效借助小程序来实施，而对于传统商家想转战电商而言，小程序则更是提供了更多的可能，进一步深化企业的营销布局，有了小程序加上企业之前注册的订阅号和服务号，微信端的三架马车将会相互形成互补之势，通过个性化的营销模式，进一步增强用户的忠诚度。

（3）更多的流量。微信目前有 10 亿用户，小程序与公众号的完美衔接，可以最大程度地导入流量，其次小程序还提供很多免费的流量入口等。

4．通过好友分享、社群和朋友圈推广

小程序的应用场景很普遍，也多元化，建立在微信的基础上使用户更简洁地交流，熟人推荐则成为小程序电商的一个重要客户来源。比如说你在这家店买了东西，把这家店分享给亲朋好友，促成更多的交易。

同时也会降低用户对店家的不信任度，从而加大成交的概率。“小程序+电商”的结合有太多可能性，让用户从逛到买，不再犹豫，这无非要考验你的运营能力。

例如，拼多多小程序上线不到半年，就疯狂吸粉了 1 个多亿！其裂变模式就是拼团，一件商品如果选择“开团购买”要比“单独购买”便宜很多。通过“拼团”的方式“引诱”用户主动去转发分享，用户可分享给微信好友、微信群，邀请大家一起完成拼团，而且分享成功之后支付环节也能在小程序中一键完成，十分方便，如图 9-2 所示。

图 9-2　拼多多

9.2　线下运营推广方式

随着小程序的不断发展，越来越多的线下实体店使用小程序，它们除了线上推广，更多地采用线下方式推广小程序，主要有以下几种方式。

1．通过特定场景做线下推广

大家都知道在高峰时间去肯德基，免不了排队，用户体验自然不好。肯德基也尝试过推出 App 改善用户的点餐体验，但 App 下载时间长、要求高，无法第一时间满足顾客的即时需求，用户接受度很差。

接入小程序后的肯德基才真正解决了用户点餐时间长的问题。用户扫一扫二维码即可点单，再也不用排长队，从根本上改善了客户的点餐体验，提升店内运营效率。再细看肯德基的小程序涵盖了点餐、会员、卡卷、在线支付、外卖的功能，充分满足了用户的核心需求。

2．通过已有的门店做线下推广

基于拥有实体门店的优势，肯德基小程序的推广非常简单。只是在点单处立一个广告宣传牌，并开展使用小程序独享的优惠活动。不用排队+优惠活动，立马吸引了大批用户使用小程序点单，尝试过一次，体验到方便以后，用户对小程序的使用习惯也培养起来了。

其实无论你是肯德基这样的大品牌，还是一个小的餐饮门店，都可以利用微信小程序提升店铺的点餐效率。肯德基微信小程序点餐界面如图 9-3 所示。

图 9-3　肯德基微信小程序点餐界面

3．通过地推的方式做线下推广

线下推广活动有许多种，比如聚会、学习、旅游等，不管我们参加什么类型的活动，如果说个人的社交活动是以社交为纽带的引流行为，那么地推活动就是真正的商业推广行为。地推活动策划得好，效果直接，见效快，是小程序快速积累资源、快速起步的理想选择。

9.3　第三方推广

企业或个人除了自身采用线上和线下的推广方式以外，也可以借助第三方力量实现小程序的推广。

1．小程序商店&公众号

通过付费或其他方式将小程序投放至第三方小程序商店进行宣传，乙方会根据具体规则推广小程序至首页或前列。

2．新媒体软文

通过推文的方式从微信及其以外的媒体平台将流量导入，要注意的是文案的客观性和软文的优质度。找到媒体粉丝与小程序的目标用户具有很高共性的媒体也是推广的关键。目前很多 10 万+自媒体都有明确的投稿标价。

3．运营公司推广

此类推广最常见的方式是将小程序委托于运营公司，转而在运营公司下的多个微信社群中转发流通促成大量激活。此方法的优点在于见效快，但缺点在于投放的用户群不一定都是小程序的目标用户，而如果产品本身存在问题的话，用户在小程序内的留存也不会很低。

9.4 小程序营销

随着小程序的上线，企业借助小程序营销可以带来四大优势：

（1）转化更快。在产品营销中，以前借助App或公众号进行，它们需要多次跳转，步骤烦琐，导致营销转化率低。现在借助微信生态，能够实现营销闭环，实现更快营销转化。

（2）数据更准。小程序有助于企业内部数据与外部推广数据的高效连接，通过用户数据分析，实现精准营销。小程序开放了比较初步的用户画像能力，可以从性别、年龄、区域、设备几个维度的数据，来分析小程序用户的状况，为下一步的运营行为做铺垫。

（3）门槛更低。程序开发与维护相较App开发成本低，开发时间短，上线速度快，有助于企业实现小步快跑，不断试错，不断优化产品。

（4）合理裂变。在我们常见的社交营销中，最关键的就是裂变。只有产生了良性的裂变，我们的营销效果才能圆满完成。而微信小程序既可以通过分享行为带来粉丝裂变，也可以基于公众号的内容，不断激活公众号粉丝。

企业一边不断从各个渠道灌输新的粉丝进来，一边通过合理的引导分享，让其中一定比例的人群通过分享来扩大粉丝群体。

一款小程序对企业来说，不仅仅是展示、引流，也可以通过合理的设置（包括结构、内容）等刺激裂变，最大化运营成功和客户口碑裂变。

所以，在企业布局小程序的时候，流量入口是最前端的“源”，有了这个“源”，后面的精准营销、转化、裂变才有机会一气呵成，为企业带来持续可见的收益。

9.5 小程序运营案例

2010年，51岁的蒋立才在北京创办了“尚品酩庄”，作为一位喝了15年红酒的爱好者，他漂洋过海亲赴法国，从9000多家酒庄中精挑细选出瑞龙酒庄、奥巴里奇酒庄和力关轩酒庄作为尚品酩庄供应商，为中国红酒爱好者提供独立进口的高品质红酒。

现今59岁的蒋立才还奋斗在红酒创业的第一线，人们遇见他都会亲切地叫他一声“红酒叔”。而在创办初期，红酒叔还只是一个粗通计算机、对移动营销完全陌生的“门外汉”，跟微盟合作的3年后，通过小程序，如今红酒月销售2000瓶，销售额达到了80万元。尚品酩庄商城如图9-4所示。

1．深耕社群运营，“圈”定精准客户

2014年，尚品酩庄接入微盟，开设线上商城。但转化的关键还是需要找到精准的目标人群，红酒叔决定通过社群来“圈人”。

通过线上邀约、线下举办品鉴会等活动，尚品酩庄收拢了一大批热爱红酒文化、对生活品质有追求的粉丝，并组建社群，进行社群运营。

（尚品酪庄旺铺商城）

图 9-4 尚品酪庄商城

“三八”妇女节期间，尚品酪庄抓住了女性与红酒之间追求优雅的共性，以晚宴形式相聚线下，对不能来到现场的红酒爱好者，在群内发布了“女王节拼团”活动，通过小程序拼团插件让利消费者，扩展线上购买力，让双线互动同时进行，完成了一次成功的双线营销，实现日销售破 10 万元的佳绩。尚品酪庄品酒大会如图 9-5 所示。

（尚品酪庄北京香山植物园万人品酒大会）

图 9-5 尚品酪庄品酒大会

而这只是尚品酪庄社群营销的一个缩影，如今，尚品酪庄已拥有 2000 多个活跃社群。

2．广纳“代言人”，口碑决定营收

红酒叔认为，未来的零售是“分享经济”，朋友的分享和推荐比任何广告都更加有效。接入微盟的 SDP 系统以后，尚品酪庄不断发力口碑营销，发展线上代言人。

通过 SDP 系统，线上“代言人”向好友推荐尚品酪庄商品成功后，将会获得一定的奖励，推荐越多，奖励越多。尚品酪庄虽斩断了所有的线下门店，但迅速在线上获得了 7000 名品牌“代言人”，通过微盟 SDP 系统，为自己带来了两个月营收 40 万元的巨大成功。

2017 年，微信小程序不断发力，成为了商业新风口，吸引了红酒叔的注意。在深入研究小程序之后，红酒叔发现小程序电商将是未来电商领域的新方向。2017 年 5 月，尚口酪庄推出了小程序商城“尚品酪庄分享收益”，经过 7 个月的摸索和运营，如今商城的新订单有 45% 来自小程序，小程序的销售额达到了 80 万元。

小程序商城的成功，尚品酪庄的推广策略至关重要。

1．公众号联动小程序，1+1>2

尚品酪庄在公众号首页介绍、自定义菜单等公众号入口都会布局小程序，方便粉丝一键进入商城。而在公众号日常的图文推送中，尚品酪庄会以小程序卡片的形式插入文中，如图 9-6 所示，粉丝在阅读场景下可以直接购买商品，通过引导性的文字，激发粉丝购买欲望，大大提升购买转化率。

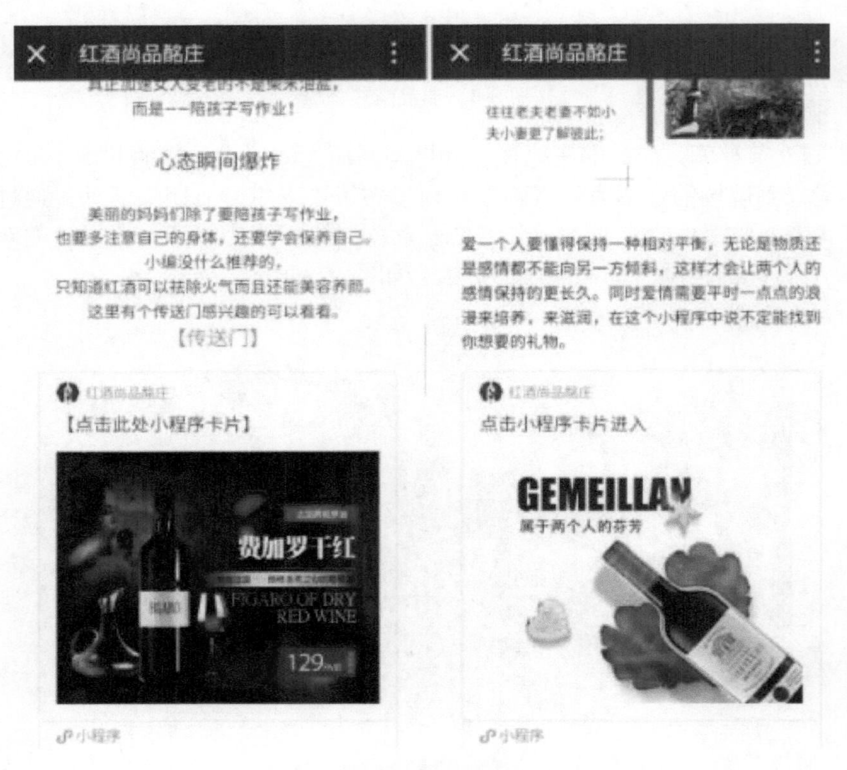

图 9-6　图文插小程序卡片

2．社群+小程序，占据高转化阵地

尚品酪庄的 2000 多个社群也是小程序推广转化的绝佳阵地，如图 9-7 所示。通过秒杀+社群营销，尚品酪庄成功地将粉丝转化为购买力。“双十二”期间，尚品酪庄选定商品后，设置整点秒杀，将小程序商城分享进群，迅速形成购买转化。

图 9-7 小程序交流群

3．抢占入口，攫取小程序红利

自运营小程序以来，尚品酩庄一直在努力研究如何通过关键词和搜索排名为小程序商城引流，因此尚品酩庄开通了附近的小程序，设置了搜索关键词，让客户通过小程序直接购买红酒，而不是先找到公众号再进入商城。

4．内外兼修，遍地开花

除了“修内功”外，在异业合作方面，尚品酩庄也颇有心得。红酒代表的是一种小资的生活方式，因此尚品酩庄选择了牛排、巧克力、鲜花等相同目标人群不同行业的商家，通过内容+小程序卡片的方式进行公众号的互推，共享顾客资源，跨界营销，为商城引流，同时，在商家门店放置带有小程序码的易拉宝及宣传册进行转化。

（*本案例由「微盟智库」提供）

本章小结

本章首先讲解小程序线上线下的推广方式，其次讲解小程序给企业带来的优势及销售技巧，最后通过案例讲解如何借助小程序实现企业营销。小程序运营知识体系如图 9-8 所示。

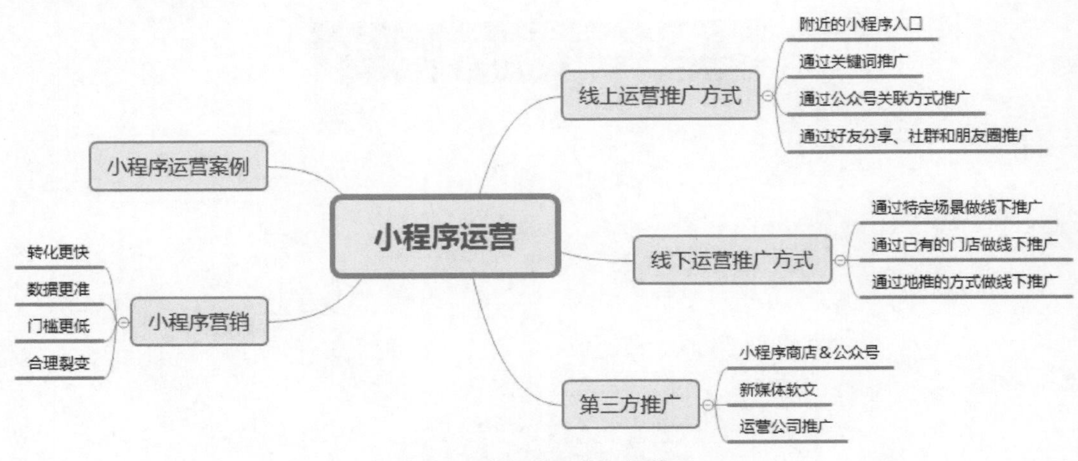

图 9-8　小程序运营知识体系

参考文献

1. 刘刚. 微信小程序开发图解案例教程［M］. 北京：人民邮电出版社，2017.
2. 李宁. 微信小程序开发入门精要［M］. 北京：人民邮电出版社，2017.
3. 明日科技. Java 从入门到精通［M］. 北京：清华大学出版社，2016.
4. 闫河. 微信公众号后台操作与运营全攻略［M］. 北京：人民邮电出版社，2017.
5. 明日学院. Android 开发从入门到精通［M］. 北京：水利水电出版社，2018.
6. 雷磊. 微信小程序开发入门与实践［M］. 北京：清华大学出版社，2017.
7. 石桥码农. 小程序从 0 到 1［M］. 北京：机械工业出版社，2017.
8. 苏震巍. 微信开发深度解析［M］. 北京：电子工业出版社，2017.
9. 李长林. ASP.NET+SQL SERVER 动态网站开发与实例［M］. 北京：清华大学出版社，2016.